武汉大学城市设计学院 + 中铁大桥勘测设计院主办

大学生城市设计竞赛作品集

武汉大学城市设计学院"桥城"编辑委员会编

School of Urban Design of Wuhan University & China Zhongtie Major Bridge Reconnaissance Design Institute

PORTFOLIO OF THE STUDENT URBAN DESIGN COMPETITION
Academic Edit Commission in School of urban Design of Wuhan University

桥城
BRIDGE CITY

中国建筑工业出版社

图书在版编目（CIP）数据

桥城　大学生城市设计竞赛作品集／武汉大学城市设计学院"桥城"编辑委员会编.－北京：中国建筑工业出版社，2007
 ISBN 978-7-112-09789-0

Ⅰ.桥…Ⅱ.武…Ⅲ.城市规划－建筑设计－作品集－中国　Ⅳ.TU984.2

中国版本图书馆CIP数据核字（2007）第194435号

《桥城——大学生城市设计竞赛作品集》是武汉大学城市设计学院与中铁大桥勘测设计院第一次联合举办的中国大学生设计竞赛的作品集锦。本书内容包括设计竞赛概要、评委点评与寄语、获奖作品介绍等。本书可供广大建筑院校学生以及建筑设计师、城市设计师研究参考。

责任编辑：吴宇江
版式设计：李　欣　徐园园　欧　菲
责任校对：刘　钰　兰曼利

桥城
大学生城市设计竞赛作品集
武汉大学城市设计学院"桥城"编辑委员会编
*
中国建筑工业出版社出版、发行（北京西郊百万庄）
各地新华书店、建筑书店经销
北京图文天地制版印刷有限公司制版
北京二〇七工厂印刷
*
开本：880×1230毫米　1/12　印张：21$\frac{2}{3}$　字数：650千字
2008年10月第一版　2008年10月第一次印刷
定价：135.00元
ISBN 978-7-112-09789-0
　　　（16453）
版权所有　翻印必究
如有印装质量问题，可寄本社退换
（邮政编码 100037）

大学生城市设计竞赛作品集
PORTFOLIO OF THE STUDENT URBAN DESIGN COMPETITION

桥城
BRIDGE CITY

学术策划：张在元

竞赛学术组织委员会：
张龙根 沈建武 唐寰澄 庄 勇
高宗余 张 敏 田道明 詹庆明
周 婕 李 军 程世丹 杨 正

主编：杨 莹 李 欣

目录

06 竞赛介绍
- 006 桥城点滴　杨莹

08 寄语
- 009 武汉进入"桥城世纪"　张在元
- 013 多向度的可能性　吴之凌
- 015 桥·城·人　高宗余

| | 6 获奖作品 | 152 入选作品 | 195 其他作品 |

016　1 获奖作品 Rewarded Works
017　一等奖 The Grand Prize
026　二等奖 The Second Prize
042　三等奖 The Third Prize
061　创意表现奖 The Presentative Prize
087　创意设计奖 The Cretative Prize
11　 创意前卫奖 The Avant-Garde Prize
31　 创意交流奖 The Communicative Prize

152　2 入选作品 Selected Works

195　3 其他作品 Others

桥 城 点 滴

杨莹

征稿

"桥城"是武汉大学城市设计学院与中铁大桥勘测设计院第一次联合举办的中国大学生设计竞赛。此次竞赛创意主题不拘一格，创作形式灵活多样，吸引了众多思想前卫的设计先锋关注。桥城设计竞赛的消息一经登出，立即得到热烈响应，从2007年4月发出竞赛通告到5月23号下午6点收稿时截止，仅仅一个月的时间内收到了来自全国各大高校的138件有效作品。

中铁大桥勘测设计院竞赛筹备组的王应良主任、林冠华先生、杜芳女士，做了大量细致繁琐的工作。从设计作品的接收、编号、登记、归档，到图纸的打印、布展，直至评审当天的组织，一百多幅作品安排得井井有条。此外，还要衷心感谢为本次活动做出无私奉献的大桥设计院的同志，他们是戴斌、梅大鹏、王自民、张理、查京屏、刘建军、左莉萍、黄国华、刘小林、洪芬、王虎、利颖、王福源。同样感谢来自武汉大学城市设计学院的汪正慧、李海凤、乔倩、胡晶、徐园园，她们也为本次竞赛做了大量的工作。

评审

本次"桥城"设计竞赛，邀请著名桥梁美学专家、教授级高级工程师唐寰澄先生，中铁大桥勘测设计院总工程师高宗余先生，武汉市城市规划设计研究院院长吴之凌先生，美国罗伦斯科技大学（LTU）Paul Wang教授，比利时建筑批评家、理论家Bert de Muynck、优山美地（北京）国际城市规划设计咨询有限公司执行董事林东先生，混沌设计艺术工作室主持人陈泱女士组成了专家评审团。

2007年5月27日，评审团的各位专家们在中铁大桥勘测设计院的8楼报告大厅评图室进行了紧张而高效的评审工作。大家一致推举德高望重的唐寰澄先生作为评审团主席，唐老作为当年武汉长江大桥设计者之一，见证了武汉这座桥城发展的历史，也见证了几代设计师执着的追求。

评审过程总体上分成两大部分，分别是优秀作品的选拔和各奖项的最终审核。第一阶段的优秀作品选拔通过3轮逐级累加淘汰的方法，根据7名评委的投票累加，选拔出指定数量的优秀作品；第二阶段的最终审核中，分别就一、二、三等奖和四大类优秀奖进行了逐一投票，根据得票累加的原则，确定最终奖项归属。

在初选过程中，有67幅作品入围，其中35号作品《桥城》、37号作品《FLOATING BOTTLE IN THE CITY》、92号作品《TO BRIDGE THE CITY IN 2057》、95号作品

《BRIDGE CITY》获得全票。

在复选过程中，有37幅作品入围，其中35号作品《桥城》、92号作品《TO BRIDGE THE CITY IN 2057》再次获得全票。11号作品《八公里》、52号作品《鹊桥》、58号作品《反转光辉城市》、59号作品《江城桥上、江城桥商》、69号作品《武汉汤逊湖周边渔民居住改造》、129号作品《CITY AFTER NOW》六幅作品以一票之差紧随其后。

最终来自重庆大学、天津大学、哈尔滨工业大学、东南大学、同济大学、深圳大学、武汉大学、华中科技大学、武汉理工大学、湖北美术学院等知名高校的26幅参赛作品获奖。其中重庆大学的詹旭勋、杨振宇同学，以名为《八公里》的设计作品赢得了评审团的一致赞赏，夺得本次设计竞赛的桂冠。

颁奖

2007年7月9日，中铁大桥勘测设计院、武汉大学城市设计学院共同举办了"桥城"设计竞赛颁奖典礼，来自重庆大学、天津大学、东南大学、武汉大学、武汉理工大学、湖北美术学院的获奖同学代表参加了颁奖。

上午，前来领奖的同学们一路领略了江城武汉"一桥飞架南北，天堑变通途"的风采、参观了中铁大桥设计院采用微缩景观构造的中国桥梁博物馆，美不胜收，眼界大开。

下午，颁奖典礼正式举行。来自武汉市政府、汉阳区政府、中铁大桥局、武汉大学、中国建筑工业出版社的领导亲临现场为获奖选手颁奖，中铁大桥设计院的张伟总工作了《走进桥梁》的专题讲座。颁奖仪式结束后，庄勇副院长还与同学们进行了亲切的座谈，气氛欢快融洽。

随后，获奖同学代表来到了武汉大学城市设计学院。在美丽的珞珈山下、东湖之滨，与武大师生举行了联欢晚会、校园参观、获奖作品设计创意研讨、《中国轮廓》科考活动展演等丰富多彩的交流活动。

桥城,是一个蕴涵着美好愿望的创作主题……

桥城设计竞赛，是一次充满着难忘回忆的探索之旅……

我们的心中，从此架起飞虹，跨向更加广阔的设计天地……

桥城时空论稿

张在元

1.

20世纪，武汉建成4座桥成功连接被长江与汉水分隔的三镇。

21世纪，预测将出现40座桥将武汉三镇连接为一座"桥城"。

显然，20世纪的"桥"仅仅局限于交通定位。以毛泽东的评价："一桥飞架南北，天堑变通途"，第一座长江大桥连通武汉市区乃至中国南北向铁路与公路，桥的主体功能即为"天堑变通途"，这是史无前例的壮举。然而，历史的伟大就在于人类的想像力不断延伸时空跨度，21世纪的"桥"已经开始全方位超越交通定位，主体功能再也不是毛泽东时代的"天堑变通途"，而是天堑变"桥城"。

2.

20世纪50年代，第一座长江大桥建成通车，武汉与布达佩斯、佛罗伦萨、纽约、悉尼、圣弗朗西斯科、伦敦、伊斯坦布尔同样为拥有作为城市标志的"桥"而自豪！因为世界第三大河流的第一座大桥在武汉诞生，无论是桥梁技术高度成就还是独立地方城市文化特色，武汉在世界城市之林赢得无可非议的历史性地位。

一座标志性建筑可以改变一座城市的命运。悉尼歌剧院使悉尼一举进入世界级明星城市之列。

当然，一座举世瞩目的桥梁杰作也可以使一座传统型江城获得新生。第一座长江大桥从根本上形成了武汉新一代城市结构，开创了武汉新的城市理念及其战略布局，并使武汉市在20世纪50~60年代受到世界广泛关注。

3.

城市诞生与成长的平台是"地方"。

武汉的"地方"就是山与水。

千年来，中国人不断重复着一句名言：一方水土养一方人。

游子纵然走遍世界，但始终忘不了故乡水土的养育之恩。

武汉的"水土"就是长江、汉水、东湖、月湖、墨水湖、汤逊湖、沙湖、北湖、金银湖、东西湖、南湖、后官湖、龟山、蛇山、珞珈山、小洪山、磨山、喻家山、来望山……

城市的思想与方法可以超越所在地方边界的局限，然而，城市的生存空间、城市的文脉延伸及城市的生活载体却必须扎根所在地方的"水土"。

武汉因水而生、得水而成、顺水而长。离开水，世界版图上不可能出现武汉这一地名。武汉姓"水"名"山"，写好武汉的城市发展文章，落笔基点就是"水"与"山"。

4.

城市的健康素质首先来自对本地"水土"的自豪感及自信心。

城市发展的失误往往就在于无视与忽视本地"水土"的存在形式及其特征。

在中国，武汉被一圈"特区城市"、"直辖市"、"国际大都市"、"首都"、"著名历史古城"与"甲天下风景城市"所包围。武汉的特色与优势似乎都被那些城市瓜分得一干二净！随之而来的后遗症就是城市自信心也被那些城市冲击得七零八落。

武汉进入"桥城世纪"

武汉究竟何去何从?

茫然、徘徊、自卑、沮丧、模仿则是一座城市止步、退步甚至蜕化的开始。当我们回顾一段尘封岁月留下的城市片断,不难发现武汉曾经一度极度困惑与迷茫,基点则是首先忘掉了地方"水土"资源的潜在优势及其独立特色,而去片面地追求一类标签式的"国际化"。

勿庸置疑,振兴武汉的自信心必须回到本地的"水土"。

体现武汉城市文化的城市形象应该更为切实地注重"地方性"。武汉并非一座失去"地方性"的空泛国际化城市。任何一座城市如果不具备"地方化"的文脉及其沿"地方化"之路成长的基点,所谓城市的"国际化"往往是无源之水、无本之木。

城市的"地方化"是城市"国际化"的前提;城市只有建立牢固的"地方化"基础,才能在国际化城市之林拥有自己的一席之地。

5.

其实,2007"桥城"故事的开头首先就是武汉地方化的"水土"。

网络天下及其城市型拜金主义时代繁衍了无计其数的"复制"及"雷同",芝加哥、纽约、香港、巴黎、上海、深圳的现代建筑都可以在武汉找到翻版的影子,独具特色的城市元素仅剩下武汉地方化的"水土"。

武汉因为有长江,没有必要盲目迷信上海的黄浦江、广州的珠江、巴黎的塞纳河、伦敦的泰晤士河以及新奥尔良的密西西比河。换言之,武汉越是保持"长江自信"。就越可以赢得世界更多滨水城市的关注与尊重。

关于"桥城"设计竞赛的创意源于武汉地方化的"水土"及其"长江自信"。

1982年,我以武汉为基地设计的"长江水晶宫"参加东京第17届国际建筑设计竞赛获奖。此项作品与其说是建筑设计,不如说是城市设计,以致评审委员会成员、哈佛大学与东京大学建筑系Fmihiko Maki教授说:"长江水晶宫的独到之处是那座位于长江与汉水汇合口的'Y'形桥,不仅将水晶宫的水上与水下空间实现交通功能成功对接组合,更为重要的是将武汉三镇连接为完整的城市机体。这是一项非常有趣而又富于想象力的城市设计构思与方法(1991年Fmihiko Maki教授与张在元在东京对话)。"

"长江水晶宫"关于桥与建筑、与城市有机结合的思想种子在心底里蕴藏了整整25年。1/4世纪的时光对于一座城市的生命区间而言仅仅是短暂瞬间,但是作为一位对武汉充满苦恋情结的建筑师,武汉"桥城"之梦一直连续经历了25个春秋。这是我的设计求学生涯中一段漫长的岁月,因为在游学世界城市的艰辛旅途中走过许许多多滨水城市之桥,发现了桥与城市结合的大千世界。当思绪与理念回归"长江自信"重新落脚武汉之际,已经是重回武汉大学执教的归根时刻。

6.

城市需要数代人想像力的连续与持续。

如果说1957年建成的第一座长江大桥是武汉"桥城"想像力的第一部乐章,而1982年"长江水晶宫"的"Y"形桥方案则是武汉城市乐章的第二部。当历史拉开2007帷幕之际,武汉"桥城"的第三部乐章的主旋律及其声韵越过这座江城的边界而回响于世界。

桥城时空论稿

早春，武汉大学城市设计学院院务会通过一项决议：在2007年"五月城市设计论坛"期间，结合武汉城市设计课题举行面向世界的"大学生城市设计竞赛"。

中铁武汉大桥设计研究院从设计第一座长江大桥开始，以成功设计长江多座桥梁实绩成为中国桥梁设计行业的领衔主力。基于关注与支持实现武汉城市目标的共同意识，中铁武汉大桥设计研究院与武汉大学城市设计学院决定联合推进主题为"桥城"的城市设计竞赛。

设计竞赛是设计构思的高峰汇合与撞击，是设计者求索设计征途的强行军，是集中强行考验设计者心理素质与专业素质的公认平台，也是特别检验各大学设计教育与实验程度及其成果的试金石。

世界上许多著名建筑师都是年轻时代在各类设计竞赛中脱颖而出的。长江后浪推前浪，以"桥城"为主题的设计竞赛的基本出发点在于以城市设计课题的研究及其构思过程发现人才、培养人才。

立足于武汉的"水土"进行以"桥城"为主题的设计竞赛，旨在引导与训练设计者关注一座城市、落实一座城市、扎根一座城市、倾心一座城市、针对一座城市、研究一座城市直至集中在一座城市领域表达城市设计的理念与方法。设计的侧重点并非桥与建筑，而是桥与城市。我们希望设计者开阔视野，在桥与城市的"边缘接合部"建立未来武汉"桥城"的模式。

7.

城市空间创意想像力的枯竭意味着城市衰退的开始。

曾经，城市从规划到设计徘徊于沿袭刻板套路的公式化重复＋"短视偏见"的盲目跟风＋商业至上的急功近利的低谷。一些拥有本地特色的创新型思路被各种机制约束或自我否定妥协式放弃而遭遇窒息，结局往往是搬出一千种理由予以开脱 或自相矛盾式的自圆其说。

城市的生命力归结为创造基因。

基于城市空间的真正创造是无视任何人为设定甚至老生常谈的某些城市清规戒律。当我们走在大街上，看到那些蹩脚的建筑无不感叹：此类建筑设计的方案为什么会得到规划局的批准？！又是谁批准了这些扰乱城市秩序的设计？！人们是多么相信与期待"城市规划"，而我们的城市却往往被某些城市规划及其执行城市规划者糟蹋得面目全非！

于是，我们倡导：以"桥城"为主题的城市设计竞赛立足武汉，尊重本地"水土"，但可以不受本地城市规划条件的约束。

确实拥有创意的城市设计既是对城市规划的细化与完善，但同时又会对城市规划条件带来系列挑战。如果设计创意拘泥于某些城市规划条件（或许某些条件本体就落在城市现实后面），则将被扭曲或压抑，所谓创意也就在系列条件的关卡压过程中逐渐消失。因此，我们鼓励参赛者从城市具体环境出发，让构思冲破某些既定规划条件的"樊笼"，不要局限于目前建造实施的可能性，面向未来，将设计定位于整个21世纪武汉的"桥城"的坐标。

或许这种设计竞赛的方法会遭到传统见识的怀疑甚至否定，其实不然。任何确实有创意的设计构思的起点就具有挑战性与超前性，我们这个时代能够为这座城市做到做好的事情其实非常有限，更多的构思与计划需要后人甚至经历几个时代才能实现。

显然，我们的时代、我们的城市不缺规划，不缺计划，不缺资金，不缺口号，而真正缺乏的是设计城市的创意！

"桥城"就是为武汉提供城市设计创意的引擎。

因为，武汉的城市设计需要创意。

8.

所有参赛作品寄托了设计者对武汉"桥城"美好的希望，倾注了设计者对武汉热爱及向往的心意，燃烧着年轻有为才华横溢的大学生的创作激情！

什么是设计？设计是设计者对最佳理想作品目标的执着与疯狂。基于城市文化信仰，融于城市生活实际，关注城市发展动态，构成城市空间模式，这是贯彻于"桥城"设计竞赛的基本方法。所有这一切都在参赛作品中获得广泛体现。

学习设计并不意味着你就可以成为一位未来的设计者。设计确实是人类职业中最为特殊的另类。无论多么强调设计天赋、设计教育、设计条件的先天优势，但设计者的自我意识、自我意念、自我修养、自我锤炼却是设计者成才的基本因素。

从参赛者的系列作品发现，作为当代学习设计的大学生确实拥有良好的基础素质，对于信息的敏感度、对于新概念的把握度、对于设计所面临的复杂环境与条件的洞察力、对于空间构成的想象力以及独具特色的表现力，都显示出中国大学建筑与城市教育的实质性进展及其潜伏性变革。

专注是设计的父亲，专念是设计的母亲。系列优秀设计作品体现出参赛者对于竞赛主题的高度专注与专念，以致在构思的深度、表达的准确度与清晰度以及空间想象的力度方面，都具有关于"桥城"设计的充分说服力。作品凝聚设计者纯真、自信、坦诚与勤奋的追求，袒露设计者清新、纯净、憧憬与向往的情怀。每一幅设计作品都是那样丰富、生动而又不失城市设计的专业规范表现。没有任何侥幸突击与投机的色彩，只是充满设计者的专注与专念。

9.

在本届"桥城"城市设计竞赛中涌现出一批新秀，他们是中国乃至国际建筑界未来的希望。

但是，奖项并不完全界定参赛作品的专业力度。其实，每一幅参赛作品都表达出设计者良好的综合素质及其创作潜力。

衷心地感谢所有参赛者关注与参与"桥城"设计竞赛。

与其说是竞赛，不如说是一次学习、体验与交流。

只有通过这种学习、体验与交流，才会翻山越岭发现前面山外有山、天外有天的世界。

本届"桥城"设计作品对于未来武汉城市设计及其发展必将作出历史性贡献。这将是具有历史纪念意义的时刻，本届"桥城"设计竞赛标志着武汉开始进入"桥城世纪"。（作者为武汉大学城市设计学院教授、院长）

桥城时空论稿

吴之凌

个人简介

吴之凌，1992年武汉大学城市规划专业本科毕业，1995年北京大学城市与环境系人文地理专业硕士毕业，现任武汉市城市规划设计研究院院长，正高职高级规划师，兼任湖北省土木建筑学会城市规划专业委员会第六届委员会和湖北省城市规划协会规划设计分会第一届委员会副主任委员。专业领域主要包括宏观区域性规划和滨水景观规划。主持编制了《武汉市城市总体规划修编（2006-2020》、《武汉市土地利用总体规划大纲》、《武汉科技新城总体规划》等区域性规划，以及《武汉市创建山水园林城市综合规划》、《武汉市滨湖城市特色研究》、《汉口江滩防洪与综合整治规划》、《东湖环湖景观建设综合整治规划》和《武汉市绿地系统规划》等一系列环境规划。

多向度的可能性

2006年，承广州市规划局邀请，我出席了广州市新一轮城市总体规划修编的研讨会。在发言中，我用一张回旋穿插的5层立交桥照片表达我对广州的城市印象，来自不同区域、不同文化背景、不同职业的人们从四面八方汇聚，然后又通过不同指向的通道离开，城市在为人们提供多向度的可能性的同时，呈现出自己特殊的功能和趣味。

在人类栖息的这个星球上，城市是有形的商品和无形的信息的交换处理中心。交换能力的大小、交换内容的差异决定了城市的规模与功能。穿梭不息的车流、人流、信息流、商品流……在城市中彼此穿插、解离、融汇，造就了城市文明的五光十色和纷繁复杂。

1957年武汉建成中国第一座长江大桥时，长江天堑上面多了一条南北大动脉，武汉三镇得以真正地联为一体，当时是新中国了不起的成就。目前武汉市已经建成的长江大桥已有4座，而即将在2008年武汉市建成的天兴洲公铁两用桥的总投资预计将在110亿左右。在最新完成的新一轮武汉总体规划中，规划长江大桥还将增加到9座，汉江大桥将增加到7座，这还不包括数不清的大型立交桥、人行天桥、铁路过街桥、跨湖桥、跨河桥、跨路桥等等。桥把城市的各个部位前所未有地联系起来，从而提升了城市的运行效率。

桥和城市之间的关系还需要更多的想像力。桥作为沟通的媒介，在生活中间已经无处不在。我们可以把桥视作为引导城市物质与非物质流动的线性要素。但是城市中的桥在过去往往仅被视为市政工程设施，在联系不同区域、不同界面的同时，往往又成为割裂城市整体性、破坏城市尺度的因素。比如，城市立交桥对于景观的破坏已经成为大家共同关心的重要问题。

本次大学生城市设计竞赛以"桥城"为主题，本质上是对城市发展多向度的可能性进行探索。作为中国组织的首个真正意义的城市设计竞赛，我认为明显有别于其他类型的建筑设计和城市规划竞赛，重点在于探讨城市外部空间组织的多元化，以及对特殊空间要素的把握能力。

从参赛作品中，我们欣喜地看到在当下情境中，年轻学子们对于桥这一线性空间要素在城市中的作用有了很多全新的感悟，对于与预设的基地背景——武汉市的自然环境——之间的对话也有很多新鲜的内容，代表了城市向立体化、多维化发展时期的城市空间组织的新思潮。

其中有很多值得特别肯定的新观点。在哈尔滨工业大学南旭等提出的"To bridge the city in 2057"中，桥由线性要素逐步蜕变成了多维的网状要素，把城市的空间进行全面再组织，创新性地改变了现有的城市联通方式，城市空间形态得以再生。在天津大学建筑学院曹洋等和武汉大学张力玮等提出的方案中，既有作为城市地标的长江大桥都得到较好的尊重，同时通过空间再造，丰富了其空间内涵，使之可以成为城市新的文化中心，或是城市生态系统的一个新家园。重庆大学詹绪勋等提出的"八公里"和武汉大学何鸥等提出的"City after now"不约而同地通过调整对桥与城市关系的观察视野，重新诠释了城市空间调整的可能性。

城市设计在中国尚未建立起完善的规范体系，本次竞赛作为一次重要的探索，对于推动城市设计的理论和实践的发展都有非常重要的意义。通过这次竞赛，我们看到了城市设计对于城市空间可以带来的改变。

我们期待着一个新时代的开始。

高宗余

个人简介

高宗余，男，教授级高级工程师，1985年西南交通大学铁道桥梁专业毕业，现任中铁大桥勘测设计院有限公司总工程师，湖北省第十届人大代表、人大常委会委员。高宗余同志长期从事桥梁工程咨询和设计工作，享受国务院政府特殊津贴，詹天佑铁道科学技术奖成就奖、茅以升科教基金"铁道工程师奖"获得者，新世纪百千万人才工程国家级人选。现为中国土木工程学会桥梁和结构工程分会常务理事、湖北省地震学会副理事长、湖北省第三届科学技术奖评审委员会委员、武汉市建设工程招标投标评标委员、兰州交通大学和福州大学兼职教授。

桥·城·人

大学生城市设计竞赛由中铁大桥勘测设计院发起并与武汉大学城市设计学院联合主办，主题为"桥城"，以武汉这座有特殊三镇隔江鼎立格局的城市作为设计对象，不受任何城市规划规范约束，可尽情展示年轻学子的想象力，实现城市网络空间再造。

美丽江城，建桥之都，世界第三大河长江及其最大的支流汉水横贯市区，伴随着新中国桥梁事业的发展进步，独有的"两江三镇"的地理人文环境孕育了浓厚的"桥文化"底蕴。中铁大桥勘测设计院（简称BRDI）始建于1950年，从万里长江第一桥武汉长江大桥的勘测设计工作开始，与水、与桥、与江城武汉结下了不解之缘。50年前，凭借大桥人的勤劳和智慧，建成了万里长江第一桥——武汉长江大桥，实现了几代人的夙愿；50年后的今天，武汉已成为中国的建桥之都，在桥梁设计、施工、制造、科研、人才等方面，均已占据了举足轻重的地位。同时我们也积极筹划，将50年后的武汉规划并创造成世界瞩目的"桥城"，这是历史赋予我们的光荣使命，是全武汉人民翘首以待、引以为荣的理想和憧憬。

桥是水的儿子，是土地相连的纽带，是人流和物流的通道，也是一座城市最耐看、最值得品味的艺术品。半个世纪以来，我们以推动桥梁事业的不断进步为己任，以传播"桥文化"为使命。南至海南岛，北到松花江，东至上海，西达金沙江，大桥院在祖国各地勘测设计的各类大型桥梁600余座，其中横跨长江的就有41座，跨越黄河的有24座，海上跨越的大桥有多座；"一桥飞架南北，天堑变通途"的武汉长江大桥早已随主席的诗词永驻人间，名扬海内外；"自力更生，自主创新"的南京长江大桥和"两弹一星"共同获得1986年国家科技进步特等奖；九江长江大桥、芜湖长江大桥、东海大桥、杭州湾大桥等宏大工程都充分展示了我们大桥人的勤劳和智慧。中铁大桥勘测设计院还在东南亚、非洲设计了多座桥梁。半个多世纪的成长发展，数百座各类桥梁作品，我们通过它们，将"桥文化"熔铸于桥这一便利交通、繁荣经济的建筑工程之中，惠及祖国和人民。

本次竞赛活动共收到参赛作品138件，参赛作品来自全国各大学，创作构思不拘一格，表现出新颖、大胆、前卫的设计理念；对于武汉城市发展及其规划设计与成长模式将产生更新观念、拓展思路、特色创新、继往开来的重大影响力。通过本次活动既弘扬了桥都武汉的"桥文化"内涵，同时也展示了当代大学生创新的、超前的设计思维，相信通过这样一个展示创新思维的交流平台，大家共同探讨，互相启发，必将进一步推动美丽江城"桥文化"的繁荣发展，为武汉"两江三镇"城市格局的进一步发展、完善献计献策，为桥梁事业的创新发展再做贡献。

历史是流动的长河，桥梁是凝固的乐章。桥作为在城市里跳跃的线条，不仅形成了城市的地标，而且极大地提升了城市容貌。看如今，天兴洲公铁两用大桥的建设正在如火如荼地进行，它的建成又将成为桥城之上又一颗璀璨的明珠。"跨越天堑，超越自我"，是我们中铁大桥设计人永恒的追求。我们设计未来，我们创造卓越，我们愿以最大的勇气和智慧为我国的桥梁事业添砖加瓦，绘彩增华，因为"桥梁是人类渴望不断进取的纪念丰碑。"

1 | 获奖作品
Rewarded Works

设计理念 Concept

一等奖 八公里
The Grand Prize

作品名称：八公里
设计成员：詹绪勋
　　　　　杨振宇
学　　校：重庆大学

设计的开始：

设计对于我们来说是个深入浅出的过程。相比单体建筑，城市或者说城市问题的探讨是一个更为复杂的东西；而城市设计的基础就是来源于对城市的分析和研究的结果。这些研究涵盖多方面的内容，比如文化、产业结构、经济战略、交通等等。一个优秀的城市设计主导者必须基于这些基础课题研究，然后作出系统的设计策略……学习之余，我们的兴趣和爱好就在于对城市的这些课题进行思考和探讨，然后将这些课题思考的成果反馈到设计的过程当中，以解决社会问题……

分析方法：

最初，对于武汉这个没有实际接触过的城市，我们的理解不够深刻，大部分的信息来源于传媒以及书刊杂志。但我们仍然用自己的一套分析方法去看这个城市，研究武汉在中国所扮演的角色，这种角色的分析可能是来源于经济、政治、战略地位、区域优势等等。而这些研究一如既往地不带有任何目的性和方向性，只是想更大程度上发现城市那些隐藏的规律。很多时候，相比一个带有功利性目的设计来说，我们更加热衷于这种轻松愉快的研究方式……

城市分析分两个层面，第一种是可以看得到的分析，大多来源于地理特征以及这种特征带来的种种利害关系；第二种分析是非直观的信息，大多来源于社会科学以及区域战略关系，涵盖了人文、经济、政治、战略等多方面内容。后者涉及的范围之广、难度之大常常困扰我们，很多时候这种困惑甚至终止我们的分析……

关于武汉本身的思考：宽广的水域使得武汉成为世界上淡水资源最为丰富的城市；长江横穿于武汉腹中使得武汉的洪水问题一直成为大家关注的焦点；武汉也是中国的核心工业基地之一；而汉正街曾经也是名噪一时……但是随着沿海地区的改革开放和中国西部大开发，武汉这个中部绝对的核心城市好像渐渐淡出了曾经的辉煌……这些都是前期的一些漫无目的印象，后来我们罗列分析总结：总结出来了武汉的一些更为重要的前景：武汉即将面临新一轮的经济腾飞……而武汉作为一个交通运输枢纽，这种经济快速发展必将带来许多问题……

我们结合本次设计的要求和特点，选取了码头这一永远与水和桥保持着神秘色彩的主题，来进行进一步的思考，设计细节是平时的积累。一个好的设计师不可能跟社会脱节，一个好的设计往往也是离不开社会的细节。武汉一直为洪水问题所困扰，央视大型纪录片《话说长江》中也谈到了武汉这个城市对于沿岸线的控制之严。而武汉市的新码头规划方案——八公里的沿岸规划也是我们平时所了解到的。这些看似毫不相关的问题被我们用一种粗暴的方式叠加起来成为了我们设计最初的概念来源……现在回想起来，如果没有平时对于这些社会细节的关注，就很难产生这个设计的创意和最后呈现出来的意味。

提出概念以及概念在转化：在这个设计中，概念成为了设计的核心。城市设计最重要的是一种有价值的概念，而这种概念并不是天马行空的想像，是基于一种理性的分析和总结。比如我们想到了将码头旋转90°放到水中，也是有着强烈的理性分析的。在这个设计之后我们发现，尺度和涉及的范围大小对于概念有着重要的影响……除了概念之外，会有很多种表达方式和解决的策略。在我们的设计中，你可以看到有堆积、结构空间化这样的手法或者说解决策略，这些都辅助于核心概念的表达。到这一步，我们基本上完成了一个概念设计方案大的方向。

设计进行中：

有了一个好的概念可以说是一个设计很好的开始，但接下来要做的工作其实还是不少。概念和表达之间的衔接一直是困扰很多人的问题，也包括我们自己。即使是在这次的设计中。我们对于码头的很多具体操作方式也不是非常清楚，所以形式和功能上表达起来也是很吃力，甚至有妥协模糊不清的成分，好在我们完成了概念设计，接下来的工作接下来完成……

最后的方案展示：在我们最后的图纸表达中，省去了很多前期分析，而是采用了一种简单的叙事模式，即设计背景（简明扼要）——矛盾冲突（核心分析）——策略方法（最大程度上简化）。至于为什么这么做还是像最开始说的那样，设计本身是一个复杂的过程，而最后的表达是一个精简的方式，即深入浅出。

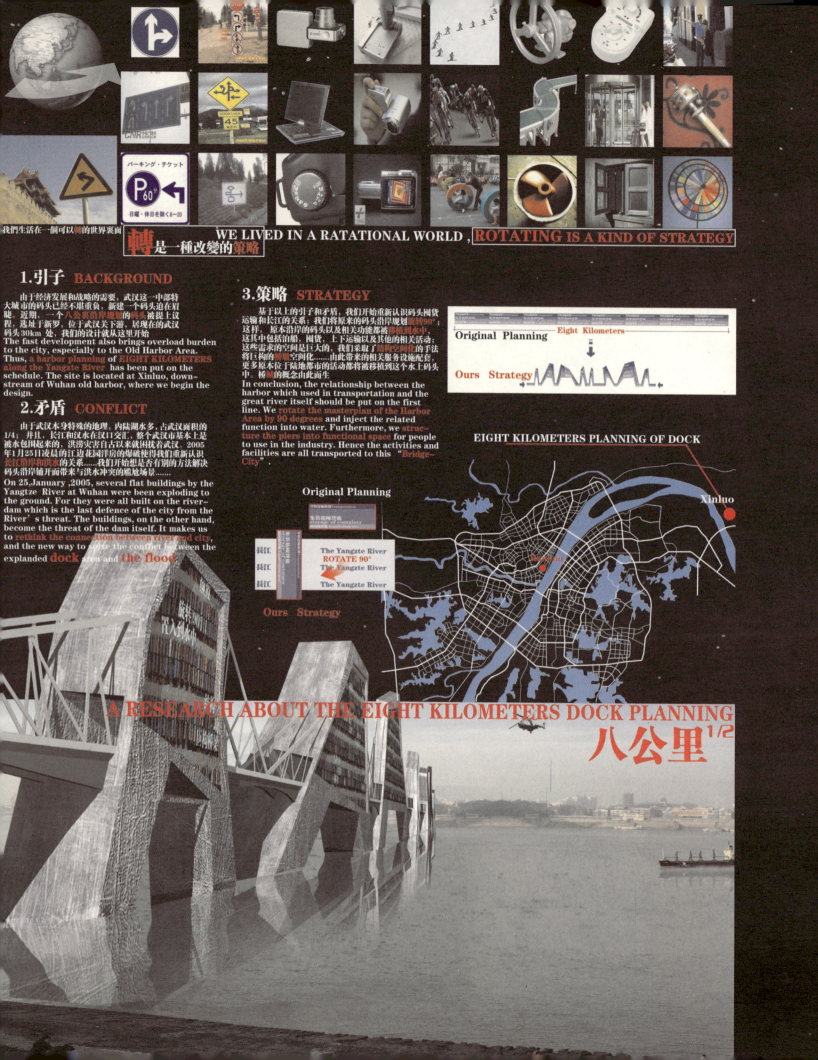

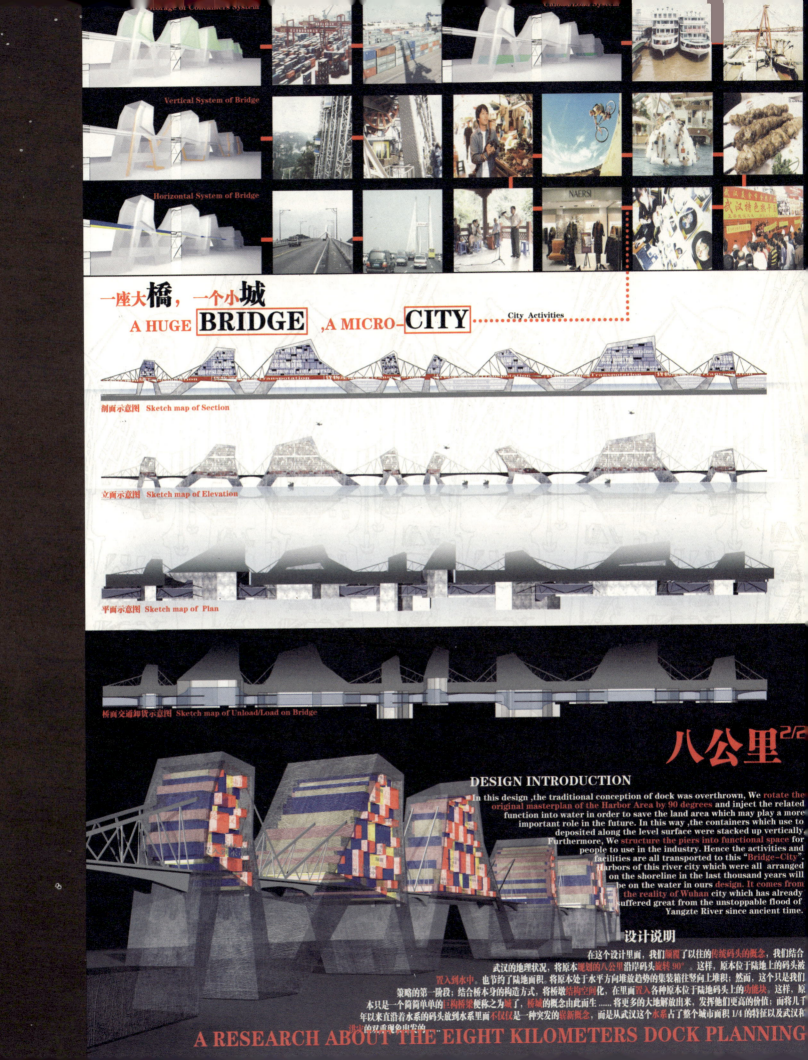

to **rethink the connection between river and city,** and the new way to solve the conflict between the explanded **dock** area and **the flood.**

A RESEARCH ABOUT THE EIGHT

Ours Strategy

長江	The Yangzte River
長江	ROTATE 90°
長江	The Yangzte River
	The Yangzte River

评委评语

大学生城市设计竞赛的一等奖提出一个处理城市市政设施的新方法，针对武汉提出了桥城的概念。评委将这个作品评为一等奖，因为它批判地分析了城市现状，深刻理解了建筑、结构和市政设施的关系，妥善协调了城市与江的功能。这个设计对象是上桥、城市和码头。设计基于对武汉码头发展所产生的矛盾的清醒解读，很聪明地对现有状况提出了一个"旋转"的策略，由此为城市和港口形成真正的"桥

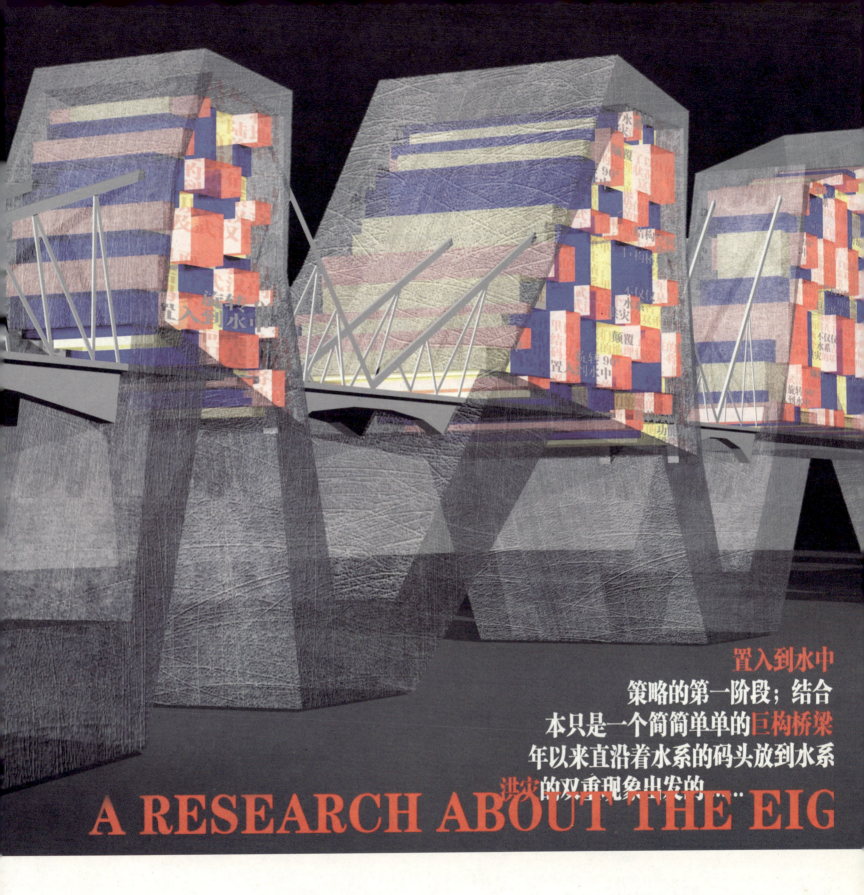

置入到水中
策略的第一阶段；结合
本只是一个简简单单的巨构桥梁
年以来直沿着水系的码头放到水系
洪灾的双重现象出发的……

A RESEARCH ABOUT THE EIG

城"提供了崭新的未来。通过将一系列功能如码头、住房、娱乐设施合并于一个结构体中，为城市创造了新的用地。一等奖获奖作品通过对城市现状的严肃思考有着很高的设计质量，有着对城市功能需求的强烈感知，兼备实用性与创新性。评委认为它体现了竞赛中关于处理在桥上建设城市社区，城市交通扩张和公共空间等宗旨和原则，并且建筑师有能力将类似作品化为兼具形式和构造之美的现实。

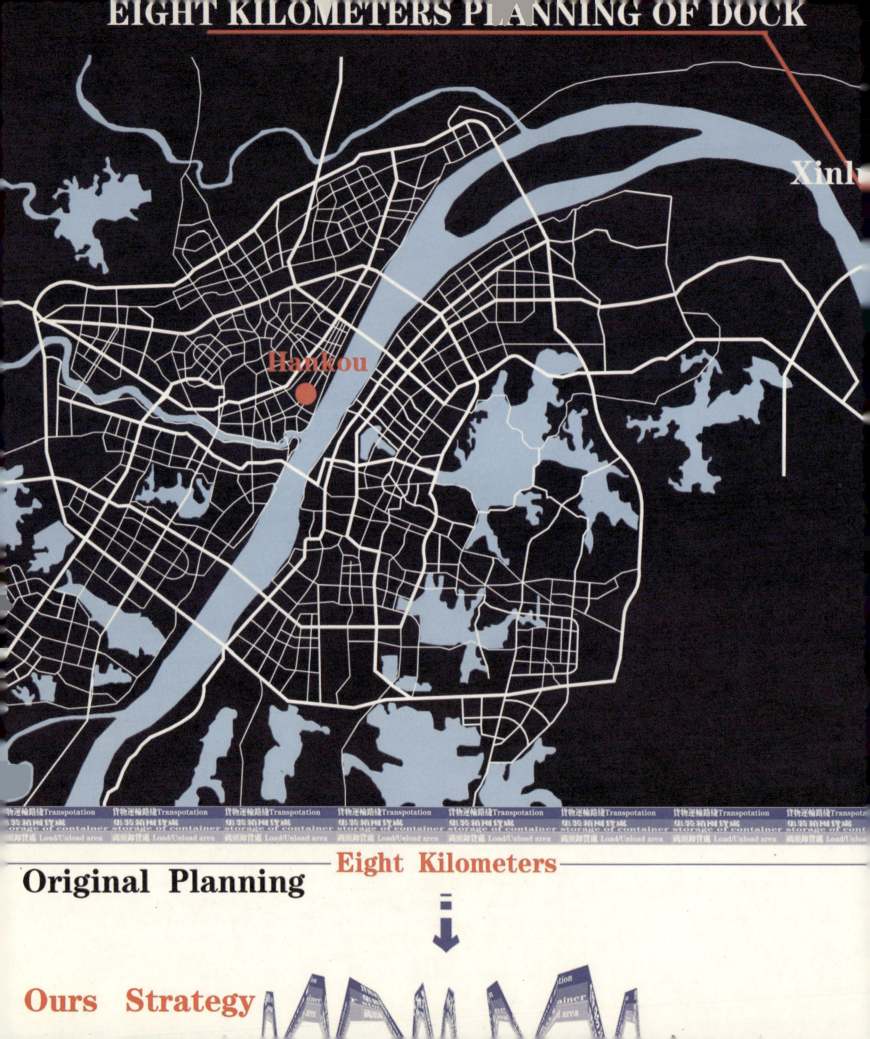

一座大橋，一个小城

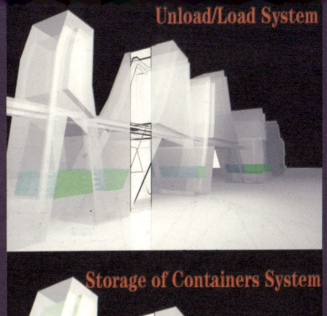
Unload/Load System

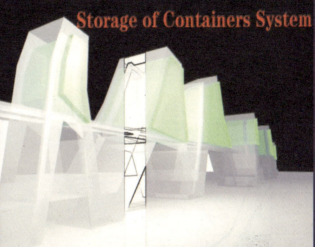
Storage of Containers System

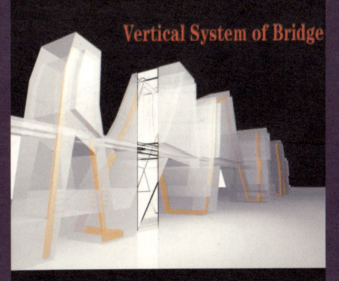
Vertical System of Bridge

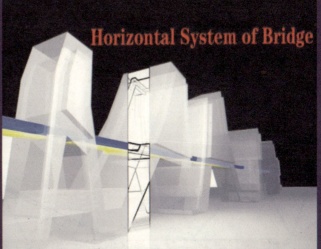
Horizontal System of Bridge

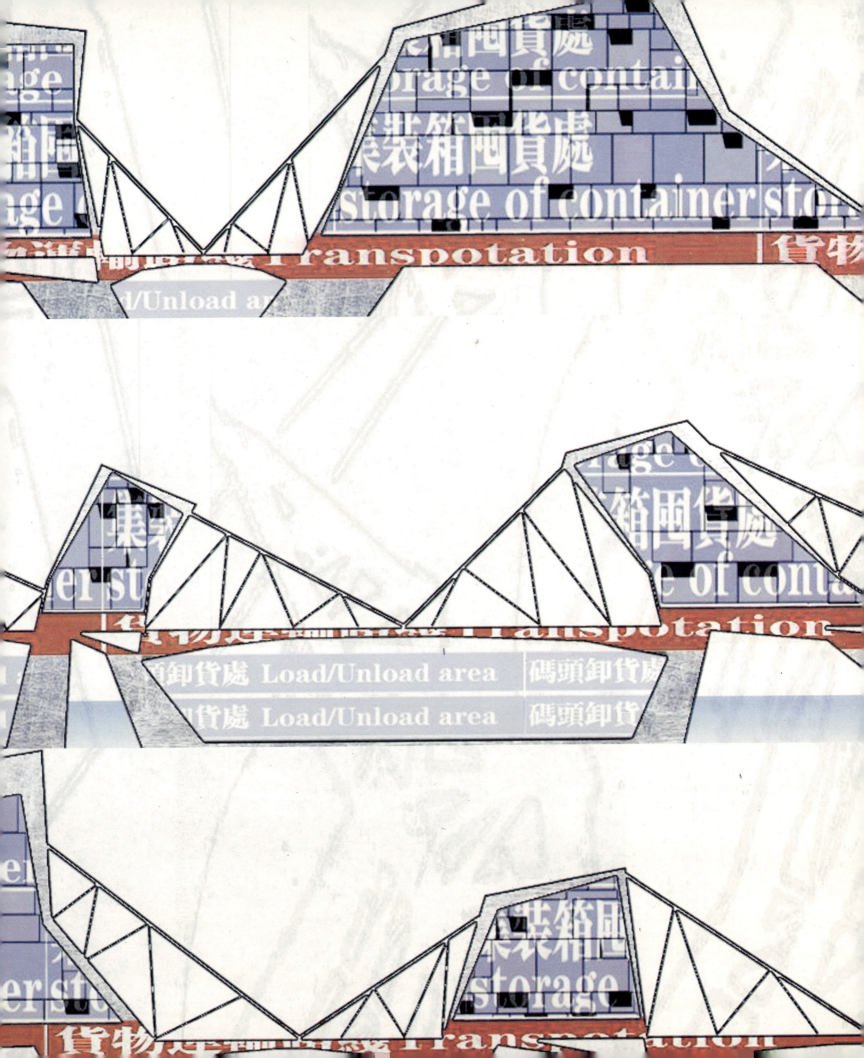

二等奖 TO BRIDGE THE CITY IN 2057
The Second Prize

作品名称：TO BRIDGE THE CITY IN 2057
设计成员：南　旭
　　　　　张仲南
　　　　　梁　斌
学　　校：哈尔滨工业大学

设计理念 Concept

城市虽然千差万别，但城市的发展模式与城市的性格特征却是可以归类总结的。武汉位于长江、汉江两江交汇处，山清水秀。得天独厚的水资源优势使得武汉迅速发展，并成为一个大都市。但是，近几十年来，武汉的发展却相对缓慢。国家因此实施"中部崛起"战略，为武汉的发展提供了难得机遇。而武汉要如何把握机遇，利用现有资源则成为一个十分严峻的问题。

我们进一步的分析：

武汉虽然交通便利，但仍属内陆，不直接临海；虽然水资源丰富，但在陆上交通高速发展的今天，反而成为一个制约因素。因此，这座城市的复杂性决定了传统发展模式不适合武汉，我们要找出一条变不利为有利的方法，答案就是"桥"。

我们的设计理念立足于挖掘武汉的城市优势与特色，利用武汉得天独厚却远未发挥优势的水资源，通过"桥"来改变这种现状。值得一提的是，我们的"桥"并不是一座具象的桥，而是一种概念、一个模式。它可以架在湖泊中，可以架在江面上，但也可以架在街道上，架在建筑中；它所联系的可以是河对岸，但也可以是两栋甚至一片建筑；它可以是线性的，但在重要的地方却是点状的，或是有许多的点构成的面；它今天也许是这样的，但一年后可能因为新增的商业区或住宅区而生出更多的 杈。没错，它确实是一座有机的"桥"。

于是我们在湖泊、陆地，甚至任何地方建立这种有机的桥，用桥来连接景点、商业区、车站、码头，以及任何人们愿意前往的地方。从人的角度来讲，为人的办公、出行、交往提供一个纽带，疏导城市的人流，并产生新的经济活动；站在城市的角度来说，也为城市的发展提供一个媒介，促进城市向未开发地区生长，延伸，使城市能够自发的趋向有利条件，同时伴随着老城市的自然淘汰和新城市的诞生。

其实，任何一个城市都有如一个有机体，它有着自己的生命和性格，按照自己的逻辑在运转。因此，本方案就有如一个有机体般，在城市的肌理中诞生，但又改变着城市的肌理，促进城市的发展与新生。

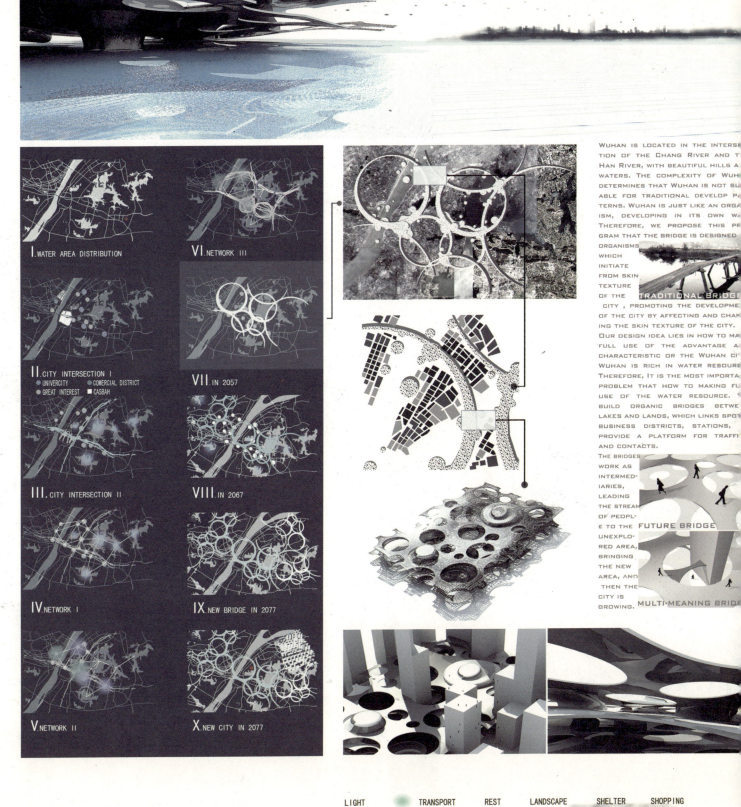

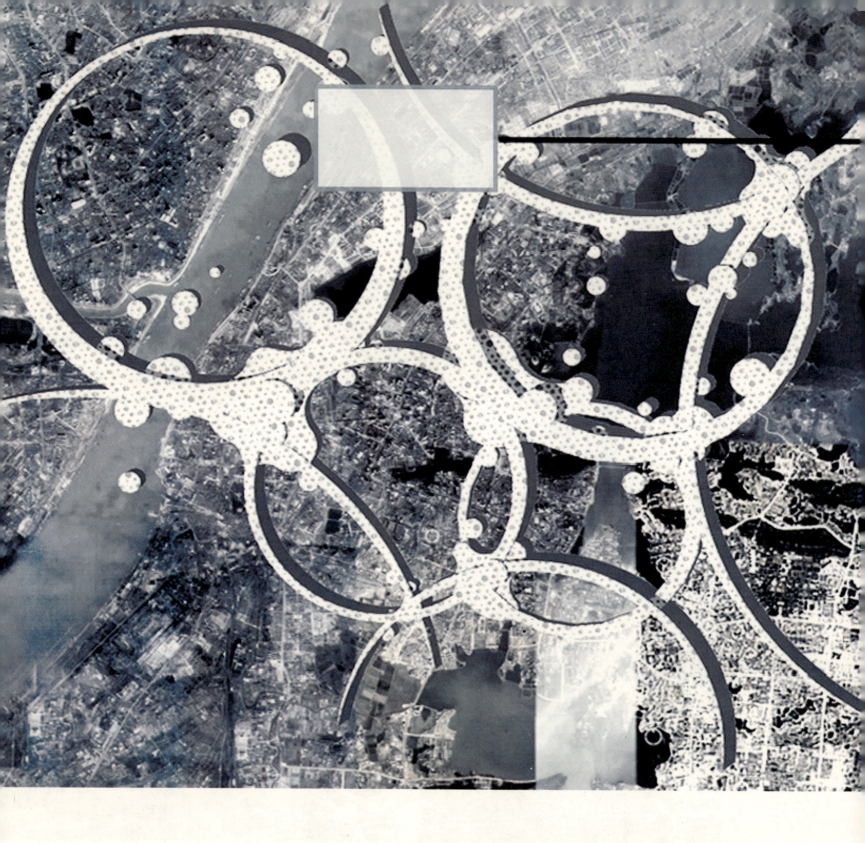

-028- 桥城 Bridge City

桥城 Bridge City -029-

LIGHT

TRANSPORT   REST   LANDSCAPE   SHELTER   SHOPPING

二等奖　　桥城

作品名称：桥城
设计成员：曹　洋
　　　　　李晓清
　　　　　王特立
学　　校：天津大学

设计理念 Concept

　　城市设计对于建筑学的学生而言是一个比较陌生的概念。以往，我们更多关注的是单个建筑的结构、功能、形式、建构等诸多问题。《桥城》作为城市设计竞赛，则要求我们在更为宽泛领域进行设计构思。设计的重点不再是单体建筑的构造、建材或者细部，而是建筑与城市活动、城市设施以及城市景观之间的联系。

　　我们的方案选址在武汉长江大桥旁边，采用叠加的方式，将现有大桥在功能和形式上作了转型。它将真正成为连接武汉各个区域的枢纽，商业、换乘、步行交通组织的加入，使"桥"演变成一个微型城市，为武汉的发展提供了一种新的可能。我们将方案定位在三个方面：对步行的重视、建筑与市政设施的关系以及建筑在城市景观性上的贡献。

　　一、对步行的重视的发展：现代城市的步行空间多半被处理为城市交通系统的附属部分，分布于喧嚣的城市道路或者桥梁的两侧。这些冷漠、压抑、缺乏活力的步行空间，对人们的步行活动造成了困扰。而步行相对于其他交通形式具有不可替代的优势，它便于交流、有助于健康、利于文化的传播与传承，步行街的存在也提供了更多的商机和就业机会。武汉长江大桥，作为武汉市交通的枢纽地带，我们有理由相信这样一个尊重步行的复合功能的空间的存在，会对武汉市的发展起到积极的作用。

　　二、市政设施的转型：方案在武汉长江大桥的旁边引入一条纯粹的步行桥，其中布置了换乘空间、休息空间、商业空间以及一些景观设计。它将是一个崇尚步行的场所，也将是城市混合交通的中转枢纽。我们试图营造一个收张有韵的多元活动空间，提供一个具有混合活力的步行场所。它的存在，无疑为城市创造了更多商机和更多交流的可能。方案中的武汉长江大桥已经脱离了原本功能单一的交通构筑物的定位，成为了融商业、休闲、交通、换乘为一体综合性市政设施。

　　三、城市景观性：武汉市位于长江与汉江的交汇处，特殊的地理位置决定了它自古以来就与桥结下不解之缘。在武汉，桥无论是作为一种重要的交通工具，还是作为一种历史与文化的见证，都承载了太多的内涵。桥梁，作为武汉的标志，理应是城市景观中的亮点。我们通过叠加的方式将中国在万里长江上修建的第一座公路铁路两用桥，与具有现代建筑风格的步行桥联系在一起。新桥富有现代气息的流线型设计与老桥古朴、深沉的外观形成强烈的对比，时代进步的欣喜和对历史的尊重彰显无疑。

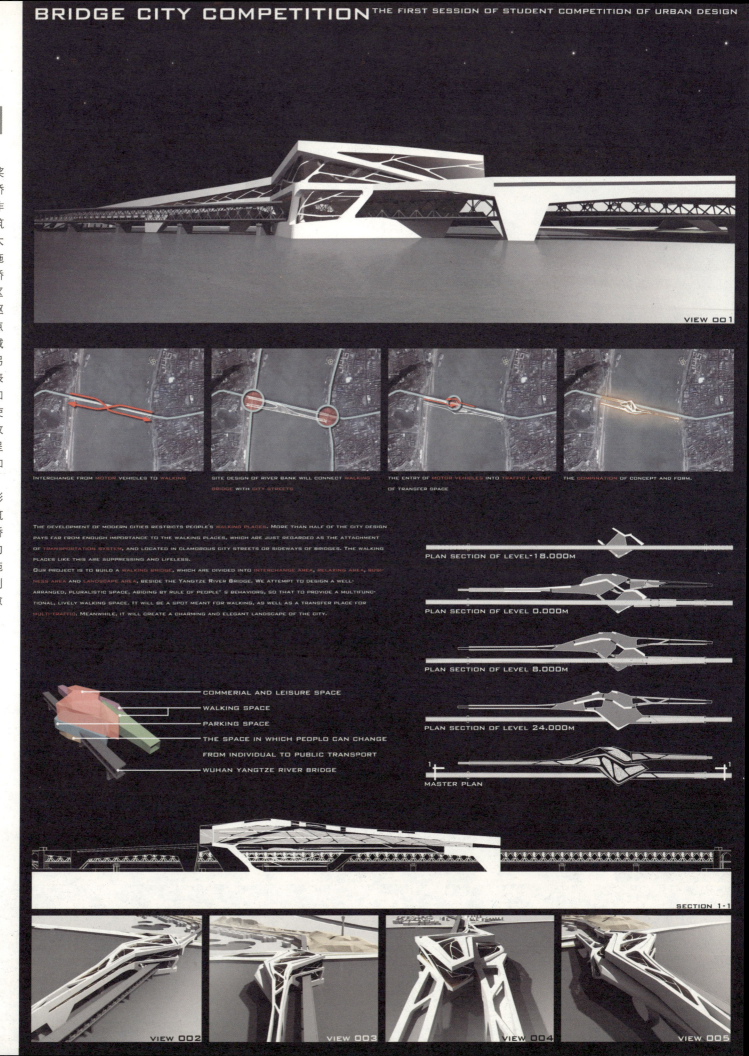

-038- 桥城 Bridge City

桥城 Bridge City

PLAN SECTION OF LEVEL -18.000M

PLAN SECTION OF LEVEL 0.000M

PLAN SECTION OF LEVEL 6.000M

- COMMERIAL AND LEISURE SPACE
- WALKING SPACE
- PARKING SPACE
- THE SPACE IN WHICH PEOPLO CAN CHANGE FROM INDIVIDUAL TO PUBLIC TRANSPORT
- WUHAN YANGTZE RIVER BRIDGE

PLAN SECTION OF LEVEL 24.000M

1 MASTER PLAN

三等奖　明日之城
The Third Prize

　　接到"桥城"这个设计命题，我们小组围绕着"桥"越来越多的功能展开了讨论，希望能让桥实现城市生活中更多的需要。而指导老师建议我们，与其从桥出发，把桥做成一个城市，不如从城市着眼，将城市转变为桥。这是一个很大胆的想法，也很有趣。

　　我们重新研究了桥的功能和定义。桥作为水上的道路，不仅仅是联通两岸的通道，也是人和自然相抗衡的一种载体。在不能通过的地方建造道路，在不能居住的地方建造房屋，为人类争取更多的空间。在这样的重新定义下，将城市转变为桥的想法就显得很自然了。于是我们设定了一个比较夸张的情景，几十或几百年后的某一天，海平面上升，江面上涨，城市如何和自然抗衡？人类如何向江水争取自己生存的空间？

　　我们提出的办法是将城市分层。像建筑一样，城市也可以有许多层平面。现有的地面是一层平面，在这个基础上，城市向上向下发展。对现有的一层平面，我们希望在江水上涨的情况下也能够完好地保存下来。通过在城市的底部设置液压装置，利用上涨的水压，让城市可以随水势涨落，不至于被水淹没。为了争取生存空间，城市必将纵向发展，而桥就是实现的手段。现有的摩天大楼是建筑的纵向发展，但建筑与城市仍然需要借助地面来联系。在建筑与建筑之间加上连系的通道或是平台，在各个层面上都可以完成城市必需的交流与联系。这样，城市具有了独立的多层平面，可以更大程度地利用上层空间，也能更好地抵御自然灾害。

　　向下，建立水下城市。由基本的球形水下居住单元组成。球形单元的上部　理江水，成为可被生活使用的水源；下部　理生活污水，使其可以直接排放到江水中；中部用于居住活动。这些单元可对接或通过管道连接，联结成大单元或组团。数个组团共用一个可通往江面的交通枢纽，以及一个水下的绿地系统。整个水下城市分为商业区、办公区、居住区。连接的管道中可以通行专用的交通工具，各区域间可以方便地通达。水下城市能更大程度地利用城市空间，并且不受长江水位的影响。

设计理念 Concept

作品名称：明日之城
设计成员：何　鸥
　　　　　张　曦
　　　　　龙　博
学　　校：武汉大学

评委评语

这是个具有前瞻意识的设计作品，重要的是作者能够合理地预见未来城市将面临的重重困难和问题，对于无论是建筑学还是城市规划的学生来说，这都是非常难得的。有的时候，发现问题可能比解决一个问题还要重要。作者将复杂的问题简单化，并通过层级化、单元化等方法进行思考问题，进行了一定程度的设计与思考。这种方式，对于研究和预见将会出现的城市问题具有借鉴作用。

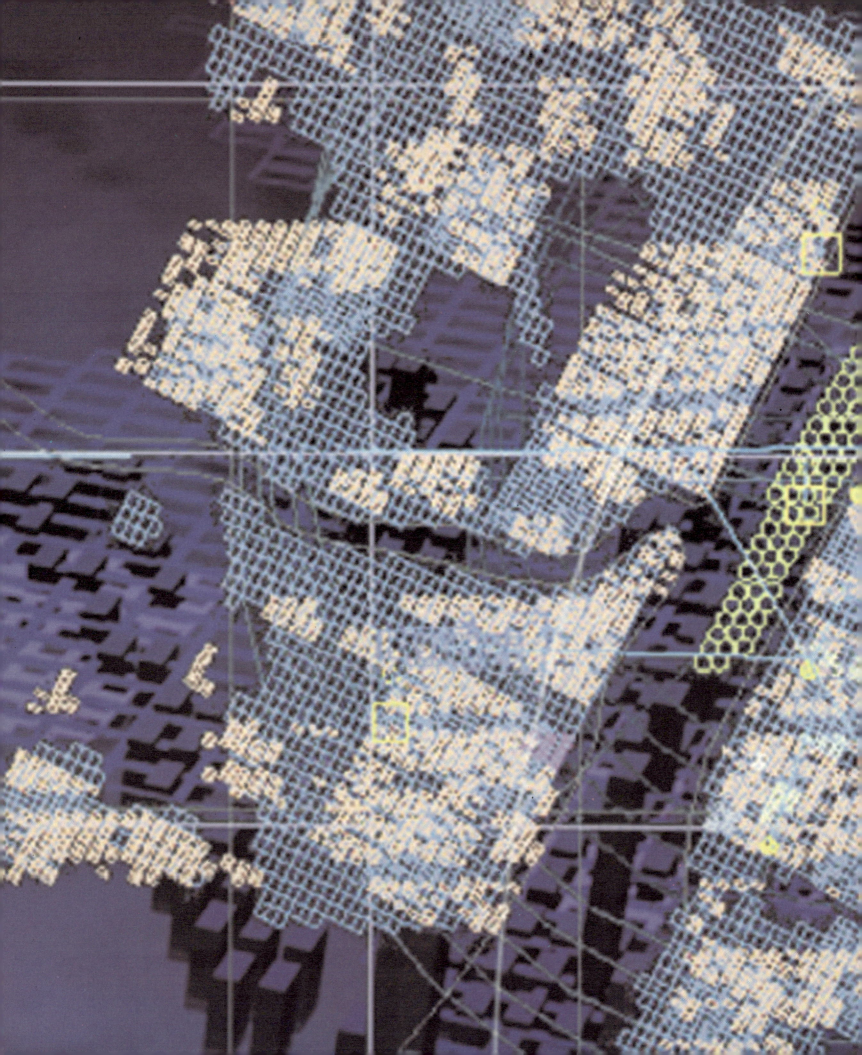

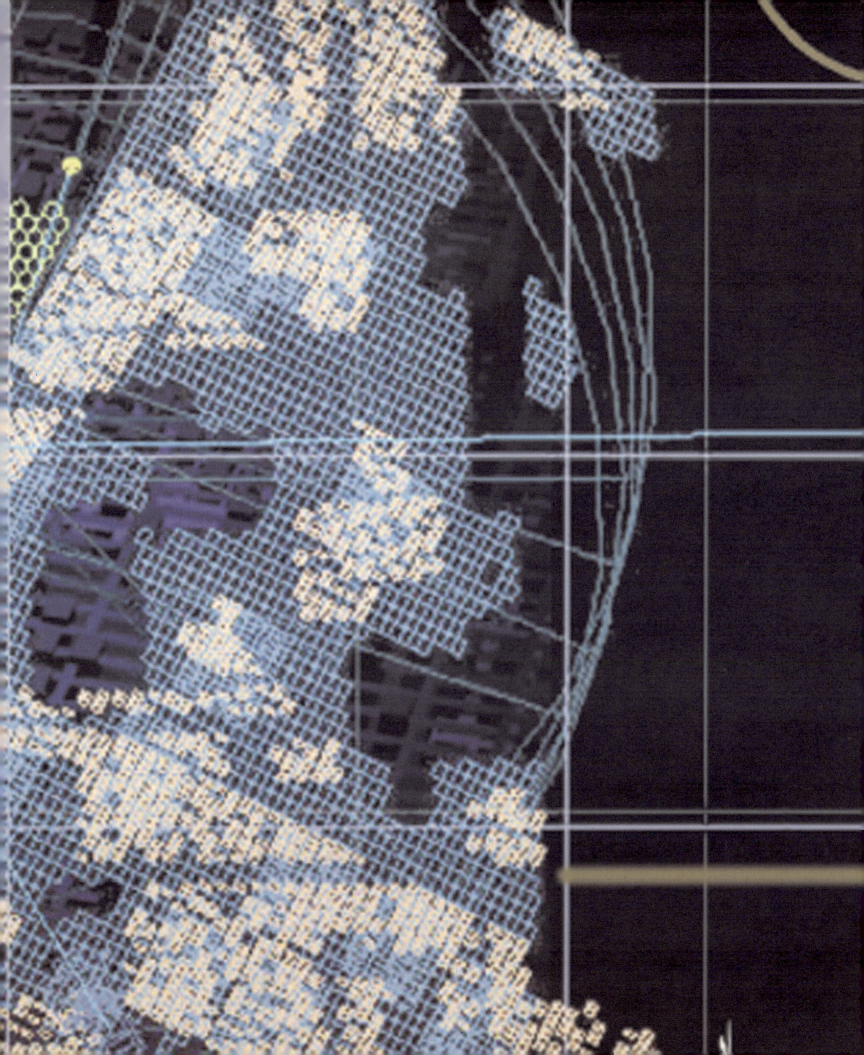

三等奖　　鹊桥

设计理念 Concept

作品名称：鹊桥
设计成员：张力玮
　　　　　孙　倩
学　　校：武汉大学

　　桥长期以来作为交通性的构筑物而存在，如独木桥、拱桥、斜拉桥、悬索桥等等。这些桥都是为了跨越天然的障碍，如峡谷、河流而建造的，它们使天堑变通途，给人们的生活提供了种种便利。但是，现代社会的发展对桥的功能提出了更高的要求，单一功能无法适应多元化发展的倾向。因此，探索"桥"新的功能成为我们本次设计构思的主导方向。

　　在资料搜集的过程中，中国的廊桥给了我们很大启示。廊桥作为一种建筑与桥的要素为契合点，将顶、栏、桥组合起来，为桥增加了新的功能和浓郁的生活气息。廊桥不但成为跨越水面的交通性构筑物，也成为了人们躲避日晒雨淋的场所，甚至小贩们的摊点，廊桥正是古人对桥进行功能改造的优秀典范。

　　回到现代城市，建设过程中最大的矛盾是什么？我们常这样追问自己。这个矛盾是最尖锐的也是最不易察觉的，它就是人工城市生态系统和自然生态系统之间的矛盾。如何让人们重新与自然接触，让人们在自然中而不是水泥森林中成长，成为了我们这次设计的核心思想。而"鹊桥"则是此次设计的标题。"鹊桥"取自秦观的《鹊桥仙》，"纤云弄巧，飞星传恨，银汉迢迢暗渡。金风玉露一相逢，便胜却人间无数。柔情似水，佳期如梦，忍顾鹊桥归路。两情若是长久时，又岂在朝朝暮暮。"相传阴历七月初七这天夜晚，是分居银河两侧的牛郎织女一年一度相会的日子。这个魏以来就流传着的美丽神话，正象征着我们对人类与自然重新接触的美好祈盼。

　　本设计以武汉市内的湖泊、公园绿地等鸟类栖居环境为基础，以道路绿化为主要生态廊道，通过对长江大桥进行生态化改造，将大桥作为连接武汉三镇的鸟类栖居节点，不但给桥这个交通性构筑物加入了生态功能，亦不对原来的交通功能造成影响。

　　这次设计是我们探索性的第一步……

鹊桥 ------ 人的桥鸟的家

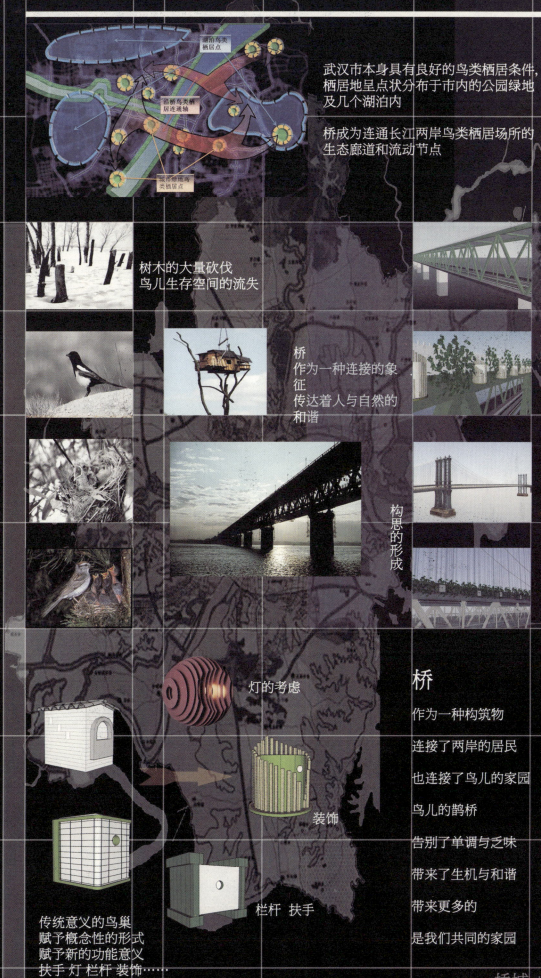

武汉市本身具有良好的鸟类栖居条件，栖居地呈点状分布于市内的公园绿地及几个湖泊内

桥成为连通长江两岸鸟类栖居场所的生态廊道和流动节点

树木的大量砍伐
鸟儿生存空间的流失

桥作为一种连接的象征
传达着人与自然的和谐

构思的形成

灯的考虑

装饰

栏杆 扶手

传统意义的鸟巢
赋予概念性的形式
赋予新的功能意义
扶手 灯 栏杆 装饰……

桥

作为一种构筑物

连接了两岸的居民

也连接了鸟儿的家园

鸟儿的鹊桥

告别了单调与乏味

带来了生机与和谐

带来更多的

是我们共同的家园

评委评语

这个作品的特别之在于作者敏锐地发现了生态环境链中的一个重要但却非常薄弱的环节，并且用一个非常具体形象的方法表示出来。我们不得不为作者细致的观察力感到惊叹。长江是一条天然的生态走廊，在上面过多的人为建造必然会带来巨大的影响和破坏，而作者巧妙地将绿色之桥连接在长江两岸，不但没有破坏环境，反而是一种很聪明的与自然和谐共处的办法。

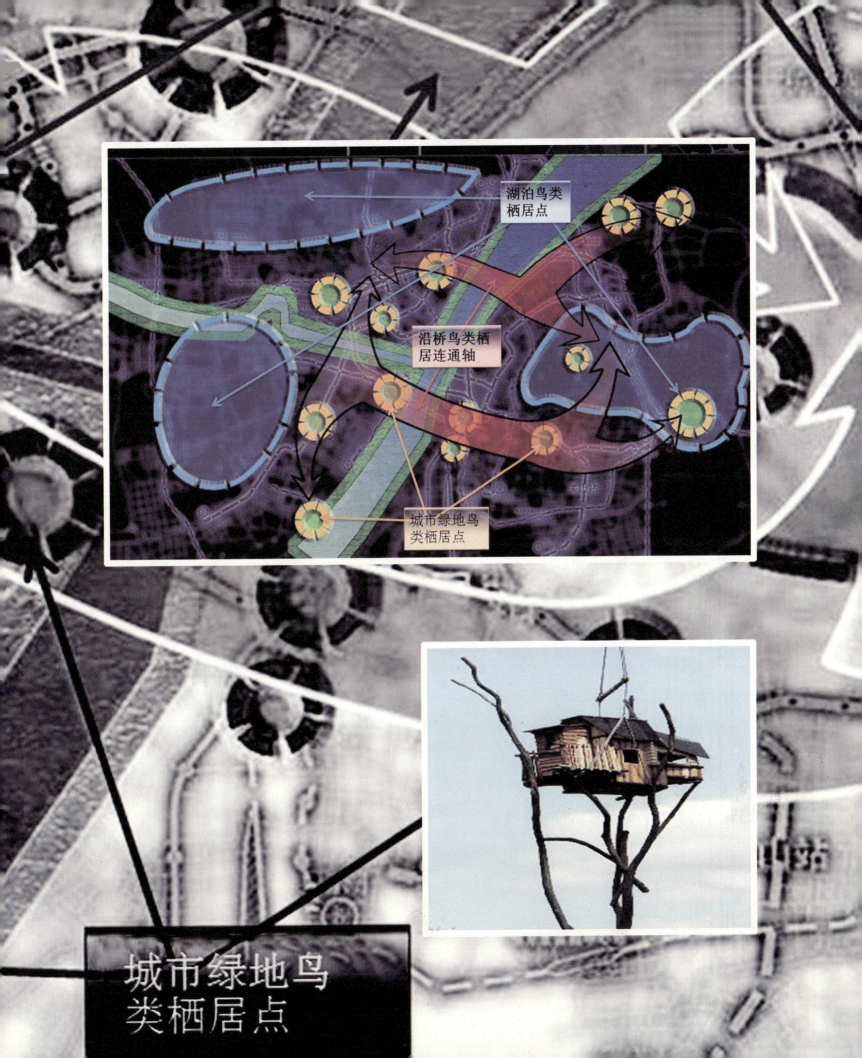

三等奖

武汉汤逊湖周边渔民居住改造

设计理念 Concept

当我们学会把世界万物区分认识的时候，区分才真正成了理解世界的障碍。区分对思维创造力产生的影响，从人们开始依赖时间划分来从事日常活动那天起就形成了。"时间"这个概念为我们带来"结果"、"过程"、"开始"等诸多分支的概念，此后一切事物的产生都依赖时间作为最基础来被人们加以解释。然后出现了理解上的尺度问题，因为时间是以人的日常活动为尺度，时间本身并不因为这些尺度而存在。认识世界的过程同样可以被理解为对各种类型空间的理解过程。

当我们尝试理解空间的时候，应该首先意识到空间因我们思考而存在，它的存在是客观的现象。现象是不可物质化的，因为现象的产生是由各种"过程"交织而成。如果我们以这种理解方式来研究空间，尽可能将所有"过程"都纳入我们考虑的范围，而不是以现有的"区分"来作为条件基础，势必将更加有助于开发我们对空间的感受力。当近代艺术家开始着手于用解构的方式来表达他们对事物的理解时，建筑的形式也随之发生了变化。解构主义这种表达方式在画面或雕塑中能够容纳大量内在信息，当它被嫁接到建筑学上时，建筑本身用更简洁的造型语言表达其丰富的内在性。强调"主题"和"虚实"，比硬性区分更加有助于我们对空间的理解。

我们可以把设计作为对世界的内在联系的诠释手法——人性、生存状态、事件、场景、模式、组织、成分、交汇、分支、文化、生长等，本身就存在的客观条件应该作为设计最原始的灵感源泉，它们存在的意义远远大于任何一种现在特定的设计流派所产生的影响，因为"流派"只是提取了某种存在的必然性作为设计思维的模式。

这次竞赛赋予我们一次表达设计思维的机会，对于主题我们花了很长时间来考虑。首先我们想到了保护土地，将更多城市功能空间嫁接到桥梁这一建筑模式上，既可以减少建筑对于城市湖岸或江岸建筑景观空间的侵融，同时是一种高效利用湖面空间的方式。

为了获得更大的主题空间，我们从城市湖岸空间入手，对汤逊湖进行了考察，了解沿湖景观和渔民生活状态。我们了解到渔民是用最原始的填土成堤方式来组织湖面交通、工作、休息空间；湖面大面积被硬性填充作为居民区，同时夹杂着大量填充后无法使用的废地和建筑垃圾。对渔民生活状态和情绪进行深入了解后，我们对于整个湖区的场景感有了更深刻的认识。在这样的场景感受中，渔民的情绪给我们很大震撼。他们在交谈中明显流露出对贫困生活状态的抵制，他们迫切需要良好的居住条件，改变现在贫困的生活状态。而这正是设计中最重要的，因为这就是我们的设计目的——人性化。

我们考察发现，渔民的生活状态就是"一加一"的的形式，也就是一个家庭承包一个鱼塘。我们保留了传统的渔民生活方式，但是对它进行了网格式的简化。我们把鱼塘进行网格化，然后再分配居民到每一个网格里，做到这里最初的格局已经形成。但是平面式的分布占据了过多土地，并没有解决节省土地的问题。我们在拍回来的照片中发现了有趣的素材，地网笼的螺旋连接形式给我们很大的拓展空间。我们对这个结构进行了演化，在平面的网格分布中取节点进行竖向发展。于是出现了四个家庭分别朝向四个鱼塘的情况，同时也保留了"一加一"的传统渔民生活方式。在深入设计中我们还探讨了这一形式是否适合居住，并对室内进行了功能分析，做出了基础户形。

在这次设计竞赛中，我们充分地认识到"时间"这个概念，我们充分享受了"结果"、"过程"、"开始"。愿所有人都能享受这个"时间"概念。

作品名称：武汉汤逊湖周边渔民居住改造
设计成员：李什容
　　　　　张奇
　　　　　左谡趄
学　　校：湖北美术学院

桥城概念设计

武汉汤逊湖周边渔民居住改造

设计说明：

本概念设计的选址于武汉市武昌区汤逊湖，以改善汤逊湖周边渔民的生活环境、节省土地资源、保护水面为宗旨，进行的"渔居"概念设计。

汤逊湖水域面积36.6公里，周边以当地渔民居住居多。由于人口增长生活的需求，近年来不断的填湖造房以满足住房的需要，大大地破坏了水生资源。

根据以上特点进行了分析设计，主要有以下几个方面：

1. 在水面建造居住交流空间，充分利用水面资源，节省土地使用率，减少填湖造房。
2. 螺旋形的外观、复式的住房形式、悬挑以细柱支撑的结构，不仅满足了渔民的生活需求也保护了水面，给予充分的阳光照射。
3. 顶层圆形玻璃采光，同时也起到了联系交通与公共活动空间的作用。

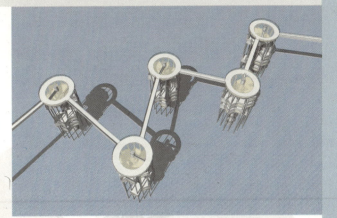

概念设计：

立面图　　剖面图　　剖面图　　顶视图

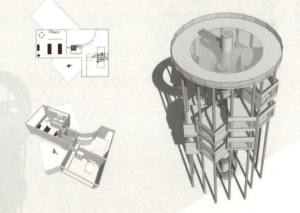

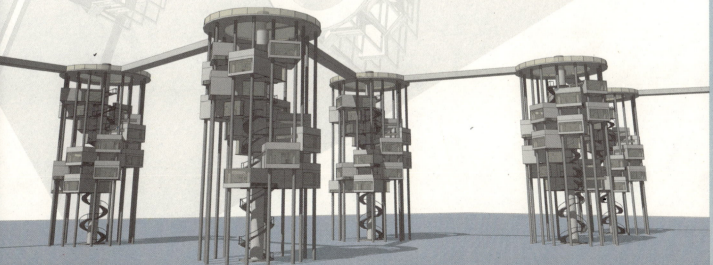

评委评语

这个作品的设计是基于武汉附近特定环境而产生的，比较深入细致地进行了考察和研究，并根据当地居民的生活特点，将原有的居住模式和将来可能发生的变化进行了合理整合，从而形成了作品中所反映的建筑形态。设计中重要的方面是为保护水体和自然环境提出了一定依据的解决办法，并形成了具有特色的城市轮廓。

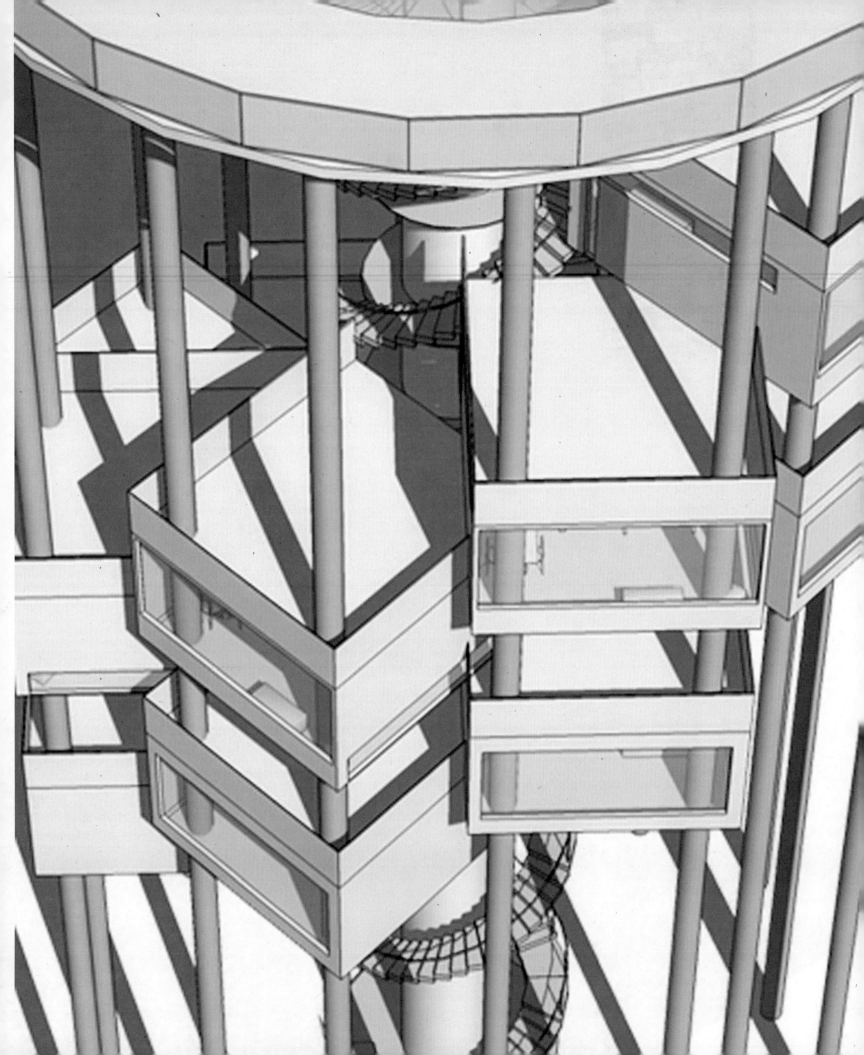

创意表现奖
The Presentative prize

表现奖 SOFT CITY

设计理念 Concept

作品名称：SOFT CITY
设计成员：李光远
学　　校：武汉理工大学

　　当世界受控于一种角度时，运用第二种角度。这，足以变革世界。

　　一条路……对于现代城市的肌理，我常常感到困惑，笔直、有序、便捷，但是，无趣。设计师们运用理性的思维去规划我们的城市，一条条路穿插于栋栋高楼底部，置身其中，我感到不安、压抑。一颗躁动的心让我开始把自己思想的触须具象化，结果，便形成了这个设计。

　　一颗树……现代人们对自然的向往是如此急切.然而我们能创造的仅仅是绿化，不是自然。人们提出花园城市，然而我们知道花园就是花园，城市就是城市，那多出来的绿地无论如何也不能算得上nature garden。因为自然是随意而生，而绿化是有意栽培。

　　一种方式……设计师们在追寻一种方式，将城市与自然结合在一起。但是我们知道城市的肌理已经被理性思维严格划分为经纬两个方向，自然的延展仅仅能攀附其上，而且大多结合只是在城市的二维平面上完成。随着人们对城市空间理解的深入，立体绿化、立体交通等三维结合形式必然充斥我们的城市，"桥城"正是立体城市最好的代名词。

　　当世界受控于一种角度，我开始思考……城市肌理的规整以及体验上的不安，让我开始试图打破这一切，寻找第二种角度。设计中的结构单元是我思维的触须，它可以结合，可以连续，可以延展，可以扭曲。组合而成的空间，就像一个细胞，同样可以挤压、变形，人们活动于其中。细胞单元构成了城市的主体，表面作为交通空间　自然绿地，内部作为居住　商业活动空间。

　　此外，对于置身街道上的压抑性问题的研究，涉及到环境心理学。我尝试在设计中把建筑、道路、桥梁的概念模糊化，桥梁内包含建筑，桥梁上就是道路，并且运用曲面特有的连续性将桥梁建筑进行边缘G1连接，弱化建筑的体量感。交通是设计最复杂的一个环节，住区的入口不再单一地存在于地面，根据建筑　桥梁的连接情况，往往在G1连接处为住区入口，桥梁穿插于建筑中间甚至跨越建筑顶部。人们看到的景观不再是单一地二维平面而是三维空间。关于孔洞的设计……孔洞的形成是结构单元连接而成的，根据空间功能的不同，孔洞大小不一，主要作用为采光　通风。将思想融入设计，世界不只一种角度……

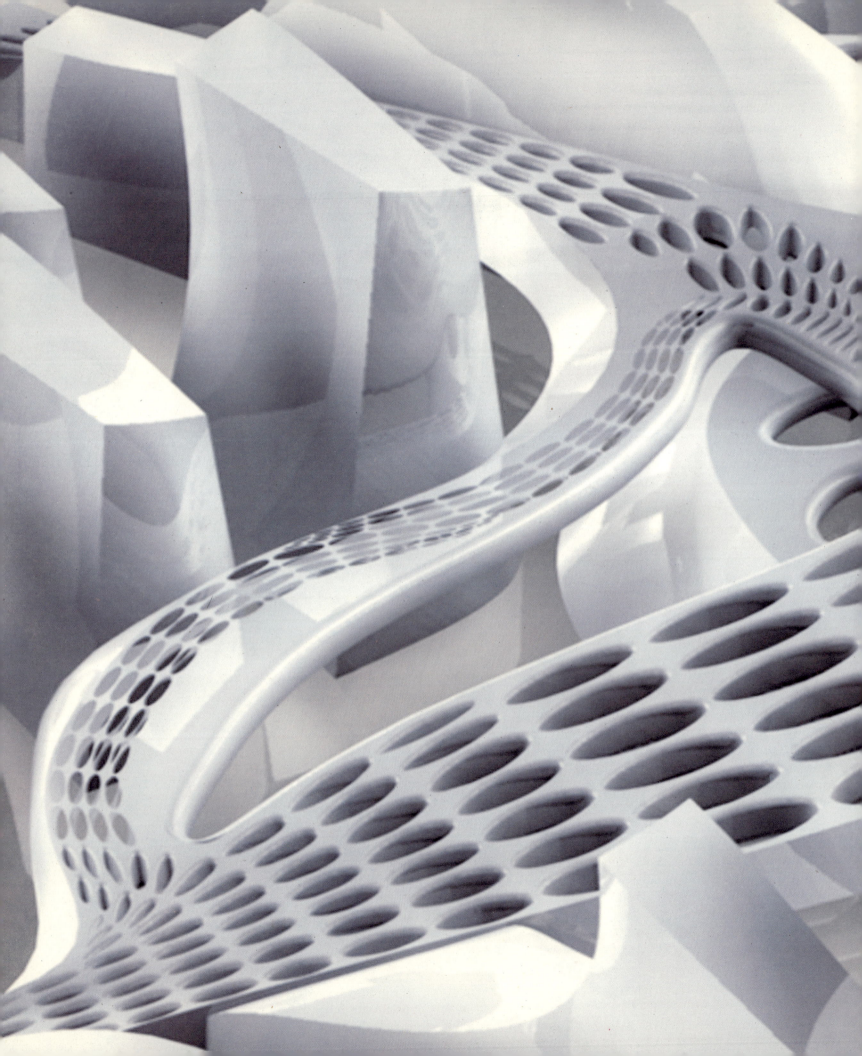

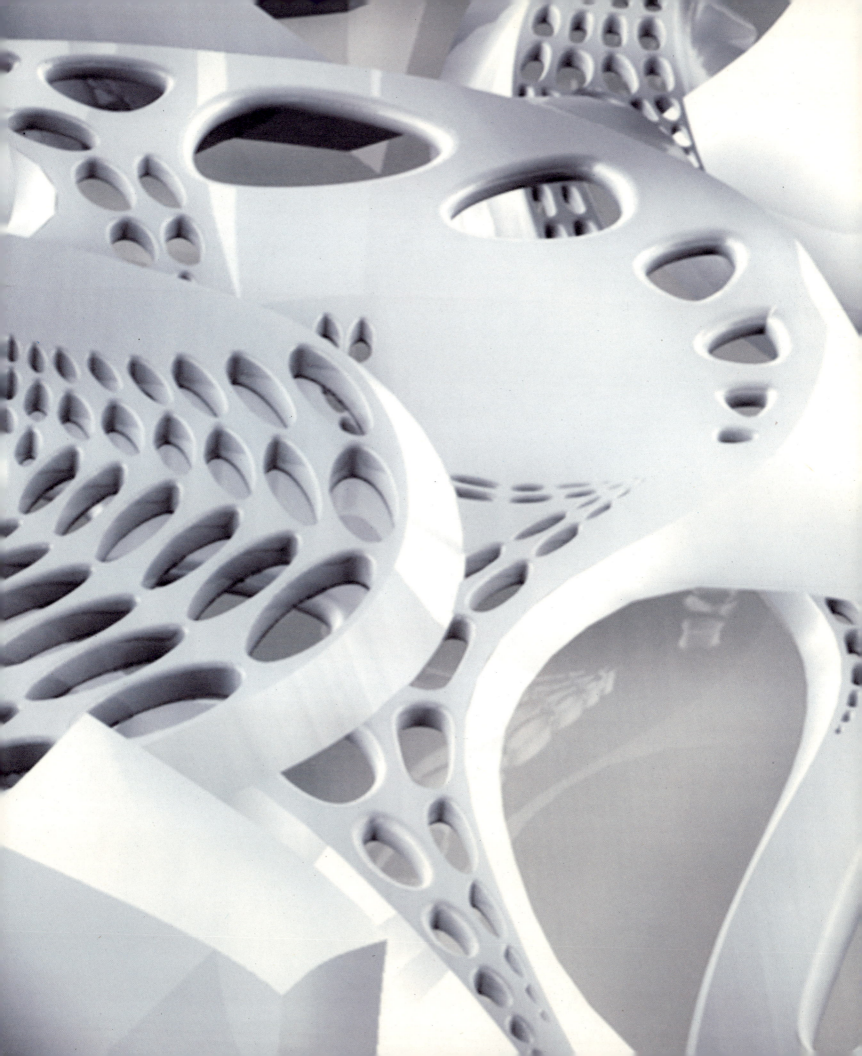

表现奖 FLOATING BOTTLE IN THE CITY

设计理念 Concept

作品名称：FLOATING BOTTLE IN THE CITY
设计成员：高 冉
　　　　　杨 晨
学　　校：天津大学

　　从建筑的角度来分析桥，同时也试图对桥进行建筑的再创作。

承力形式的探讨：
　　本设计从对桥支承系统的探讨开始。迄今为止，绝大多数桥都是依靠桥墩来支撑其重量的。这种模式是否可以加以改变？我们尝试由桥面下方的舱体漂浮在水面上所提供的浮力来抵抗其自身的重力；两层桥面下的钢索向两岸拉结，使桥在江中固定。这样，桥墩就不再是桥的结构中必不可少的一个部分，而舱体部分的空间对于桥也就有了全新的意义。

城市功能的延伸：
　　分为两层的桥面可进行人车分流。上层桥面作为车辆行驶道路，弧形顶棚以及有韵律的结构框架增强了车辆行驶中的速度快感；同时，车行平面设有停车位以及通往下层的垂直交通；这样，桥对于驾驶者来说就不单是通行的途径。下层桥面作步行过江、休闲散步及观赏江景之用。无车辆干扰、与城市步行系统连通，成为市民活动的绝好场所，同时成为武汉观赏长江、观赏江桥的最佳位置，不负武汉"桥城"的名号。下部用于提供浮力的舱体，在接近水面的高度具有较好的景致；由于此部分空间较大，可容纳多层的商业用户入驻，成为城市新空间；而且还能够通过垂直交通与交通层连接，将都市生活扩展至水上。

空间序列的演进：
　　整个桥体在垂直向度上模仿了城市道路－房屋的空间序列。城市街道的空间序列为道路－建筑－垂直交通的顺序。而在"桥城"中，此序列的顺序为从上到下的。在浮力允许的情况下，建筑部分可以一直向下继续发展，游人可在不同的高度欣赏江景，这是一般的桥梁建筑所无法做到的。

建筑形象的考量：
　　整个桥体由数个舱体单体组成，在江中留有许多空间供江上通船。通体呈流线型，自身也可以成为武汉水上一道新的风景。

基地环境的选择：
　　基地位于武汉市中心的长江江面上，西岸是繁华的江汉路步行街，东岸是武昌新兴的住宅区。此桥除了作为必要的交通设施增进两岸交流外，还能够在水上开辟空间容纳城市生活，在不增加用地压力的前提下丰富武汉的城市环境，张扬城市个性，提升城市品质。

本设计从对桥支承系统的探讨开始，尝试由桥下方的舱体提供的浮力来抵抗桥的重力，以及由两层桥面两岸的拉结对桥进行固定。分层桥面可进行人车分流，提供更佳的交通及江上步行游览环境。下部的舱体可用于商业建筑，延伸城市功能。

整个桥体在垂直向度上模仿了城市道路-房屋的空间序列。在浮力允许的情况下，建筑部分可以向下继续发展。整个桥体形象流畅，期望其本身也可以成为武汉水上一道新的风景。

因为此桥由单体组成，所以本设计同样适用于其他水体之上，可根据水面宽度增减单体的数量，以满足使用要求。

SITE

基地位于武汉市中心的长江江面上，西岸是繁华的江汉路步行街，东岸是武昌新兴的住宅区。此桥除了作为必要的交通设施外，还能够开辟水上空间容纳城市生活，在不增加用地压力的前提下提升当地的城市品质。

STRUCTURE

车行交通层 MOTOR VEHICLE FLOOR
人行交通层 AMBULATION FLOOR
水上社区 COMMUNITY ON WATER

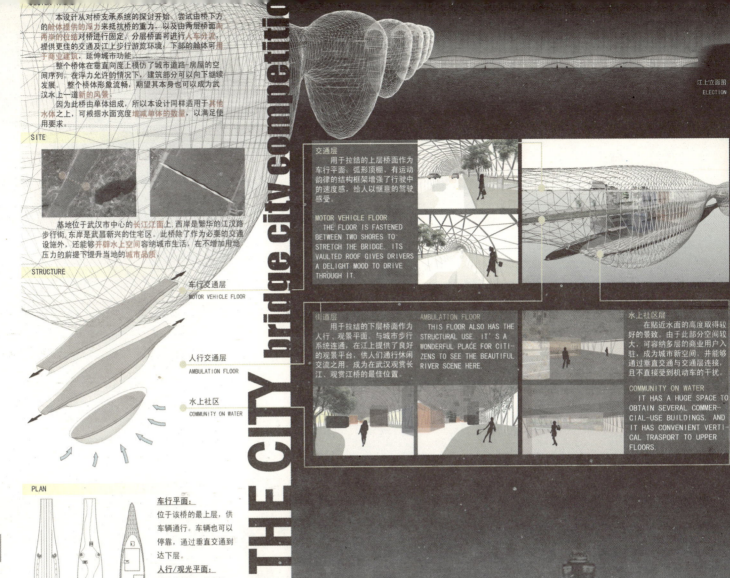

江上立面图 ELECTION

交通层 MOTOR VEHICLE FLOOR
用于拉结的上层桥面作为车行平面。弧形顶棚，有运动韵律的结构框架增强了行驶中的速度感，给人以惬意的驾驶感受。

THE FLOOR IS FASTENED BETWEEN TWO SHORES TO STRETCH THE BRIDGE. ITS VAULTED ROOF GIVES DRIVERS A DELIGHT MOOD TO DRIVE THROUGH IT.

街道层 AMBULATION FLOOR
用于拉结的下层桥面作为人行、观景平面。与城市步行系统连通，在江上提供了良好的观景平台，供人们休闲交流之用。成为在武汉观赏长江、观赏江桥的最佳位置。

THIS FLOOR ALSO HAS THE STRUCTURAL USE. IT'S A WONDERFUL PLACE FOR CITIZENS TO SEE THE BEAUTIFUL RIVER SCENE HERE.

水上社区层 COMMUNITY ON WATER
在贴近水面的高度取得较好的景致。由于此部分空间较大，可容纳多层的商业用户入驻，成为城市新空间，并能够通过垂直交通与交通层连接，且不直接受到机动车的干扰。

IT HAS A HUGE SPACE TO OBTAIN SEVERAL COMMERCIAL-USE BUILDINGS. AND IT HAS CONVENIENT VERTICAL TRASPORT TO UPPER FLOORS.

PLAN

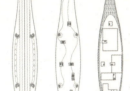

车行平面： 位于该桥的最上层，供车辆通行。车辆也可以停靠，通过垂直交通到达下层。

人行/观光平面： 位于中间层，集步行、观光、活动于一体的城市生活带。

水上社区： 位于桥的最下层，可容纳多种城市功能，将都市生活扩展至水上。

+5.200m平面　+0.000m平面　-13.800m平面

DIAGRAM

  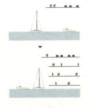

SECTION

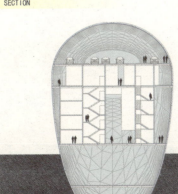

评委评语

作者利用浮力原理在江面设计了一个形态优美、曲线柔和的桥城综合体。利用分层处理的办法，将不同用途的功能合理组织在一起。由于整体是从一个单元体发展起来，所以具有简单的构成、灵活的组织等一系列优点。这个设计作品没有提及建筑物吃水线以下部分的使用情况，毕竟这是一个潜力巨大的空间。作者可以在此基础上发挥更充分的想象。

FLOATING BOTTLE IN THE CITY — bridge city competition

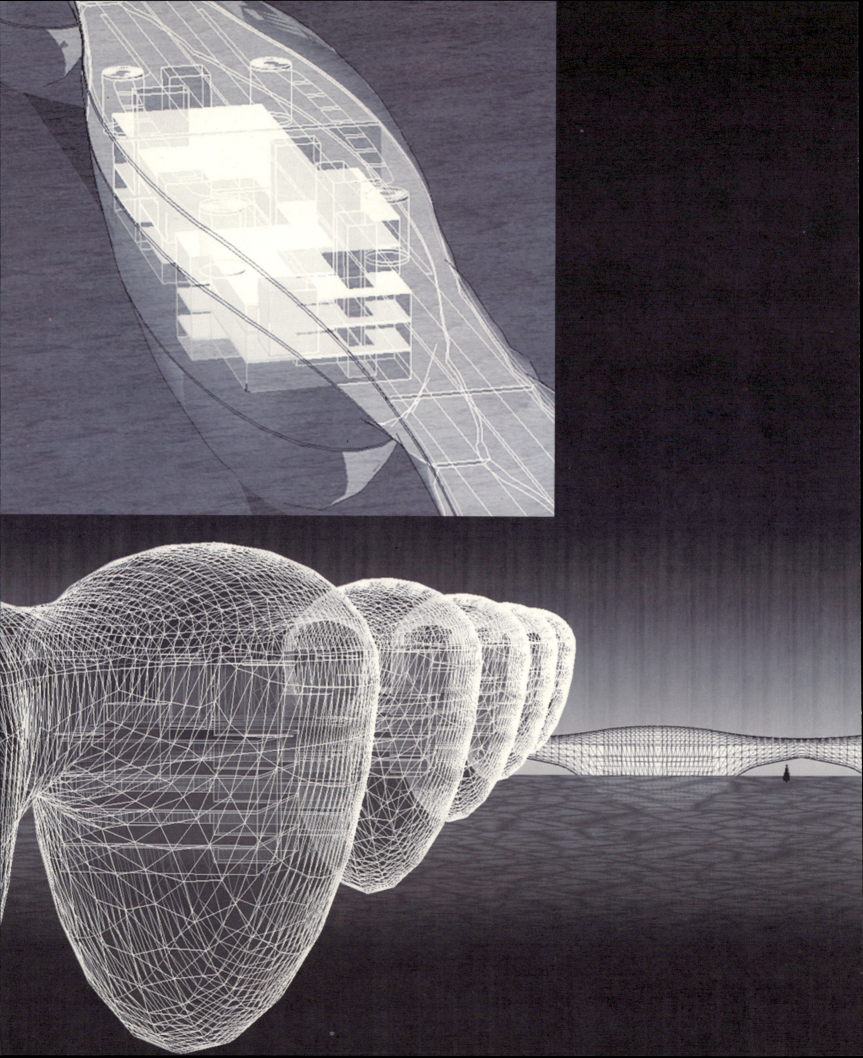

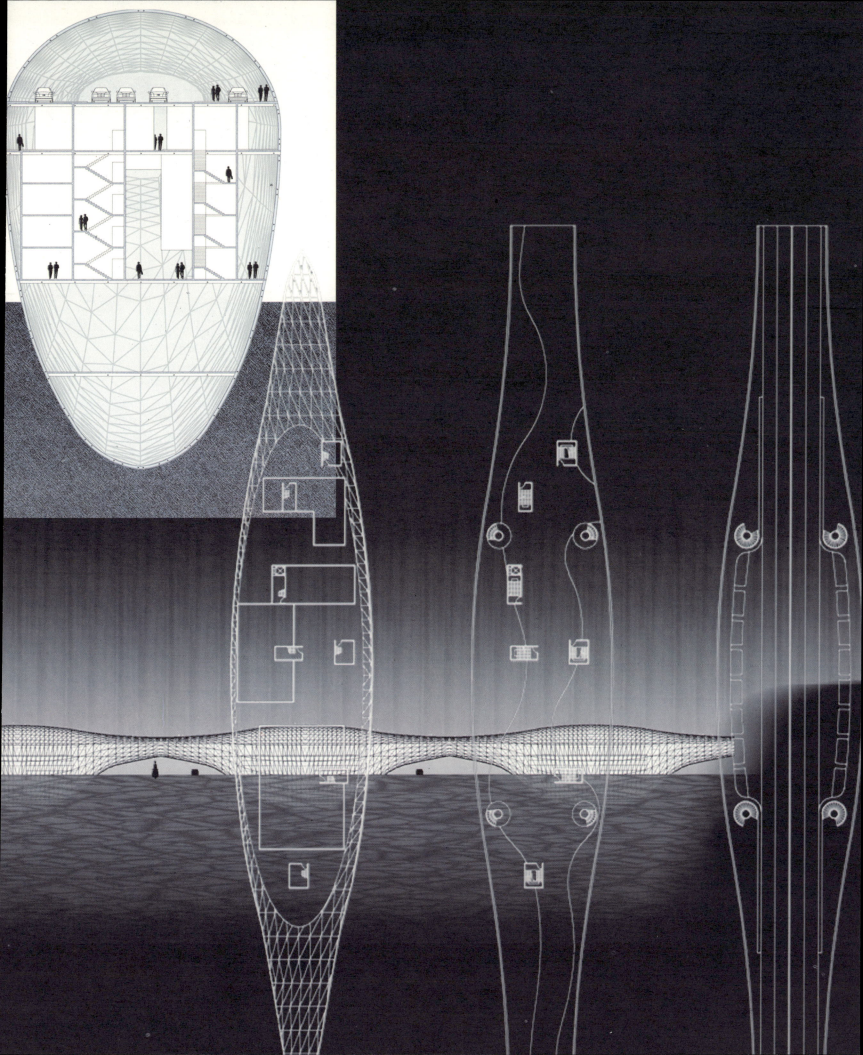

表现奖 BRID GE CITY

设计理念 Concept

作品名称：BRIDGE CITY
设计成员：于戌申
　　　　　于振波
　　　　　孙青林
学　　校：哈尔滨工业大学

　　什么是"灵光"？时空的奇异纠缠；遥远之物的独一显现，虽远，犹如近在眼前。
　　——瓦尔特　本雅明

　　城市，作为生活的主角，正在成为未来几年间最被关注或最被热衷谈论的话题。城市外观的变化，新的城市地标或城市题材的建筑正成为显学。从伦敦的Dockland地区、巴黎北部的La Defense商务区，到上海新天地，历史的再生已经成为今年某种世界性潮流。东京、纽约、柏林、米兰等城市，都是通过江水及历史街区作为与当代创意产业的嫁接，实现区域空间的增值。武汉，作为一座有着丰厚底蕴的城市，却从来没有一个真正具象的标志。这是一个让　无法理解的遗憾。一个城市，一个让——一个城市。今天的武汉试图摆脱原有的桎梏，展现新的活力。若想产生这样的变化，同样需要的是一个触媒——Bridge City。

　　最初的想法就是要做一个标志性构筑物，使其作为一个地标。如同101双塔之于吉隆坡，如同Burj Al-Arab之于迪拜。以最底下两层的交通空间为构架，上层加筑综合体的大框架其实早就确定下来。但整个Bridge City却始终无法显现出应有的独一无二的气质，先后尝试的几个形式都不具备十足的说服力。一个偶然的机会使整个方案转向自然生态形式，经过几番修改最终确定了虫卵形的外观。这一形式最重要的一点意义在于阐述了城市再生的一个关键阶段：孕育一个城市核心区的地标，一个武汉核心区最重磅的触媒究竟有多大的影响力？没有　可以回答，直到蝴蝶破茧而出的一刻。这是一个真正的综合体。两层的过境交通结构层，一层停车场，总共16层的Bridge City使用面积近15万平方米。包括影剧院、展览空间、专卖店、咖啡店、酒吧、Spa及各种俱乐部和一个高尔夫球开球平台。同时，由于其独特的位置和表现形式，使得其间的每一处驻足点都有非凡的视线。这将是其最吸引　的所在。夜幕降临，无需任何附加照明，其内部的光影透过通体的玻璃幕墙倒映在滔滔江水之上，使其毫无争议地成为夜武汉最具气的选择。

　　方案力求突出自身的特点和魅力，为武汉这座桥之城提供更多的发展可能性。而这样的冲击将随着城市的更加彻底的发展接踵而至，关于城市的再生等更加实际的话题也将成为最热门的话题，被我们继续谈论。

评委评语

这是一个充满幻想与雄心的设计作品，一个体量如此巨大的非几何简单体将会给武汉带来巨大的视觉冲击，有可能改变整个武汉的城市意想。作者通过分析，将复杂的功能组合在一起，并利用太阳能技术等比较普及的手段，创造出具有特色的建筑形体，并试图探索建筑中看与被看的逻辑关系。

表现奖　"上层阶级"武汉制造

设计理念 Concept

作品名称："上层阶级"武汉制造
设计成员：陈　筱
　　　　　陈　乔
　　　　　张晓未
学　　校：天津大学

"上层阶级"武汉制造，表达的是我们对于城市发展的一种理想——从武汉到世界。狂想般的设计，不仅是对人们日常生活的局部介入和装饰，而是试图从时间空间整体改造人类的生活方式。从自然、科学、环境、人文、生态、技术等不同角度研究与改造人类与自然、人类与社会的生存状况，研究和影响人们的生存方式与整个地球的环境空间。我们深信：改善地球环境、考虑人类未来社会的发展是建筑师不可推卸的社会责任。

　　高空的桥，改善城市环境的脉络：随着人类活动的无限扩张，生活环境日益恶化，地球如同发烧一般。武汉，作为华中第一大城市和最大的工商业中心，每年排放的废气总量超过1000亿标准立方米。其中城区就占80%以上，对大气环境造成严重污染。我们希望通过高架桥将绿色引入城市的上层空间，由此改善整个城市的生态环境，并以这一方式将被江湖阻隔的城市生活紧密地联系在一起，拓展都市空间。根据城市不同区域的污染物选择特定的园林植物，构建不同类型的人工绿化生态工程体系。对于大气污染物有相当的吸收净化能力，由此缓解城市热岛现象，改善城市环境。

　　动态的桥，生长着绿色动脉：这种绿色动脉是随着城市空间的发展而生长的，设计中考虑了时间变化与建筑生长的相互影响。一方面，都市空间　续向上层扩展，人类活动的第二层界面出现。第二层界面寻求相互联系，由此形成一定的网络，绿色动脉节点将成为中枢。同时，在城市密度较高的区域插入绿色动脉的节点，节点随着城市密度的高低而生长，最终由上层绿脉连接的空中绿色覆盖都市，形成城市的第二层表皮。

　　宁静的桥，徒步或骑单车可穿越的上层绿化：绿色动脉凌驾于城市50米的高空，它的出现将改变城市居民的出行和生活方式。在新的交通系统中，自行车与步行为主要的出行方式，力求创造健康生活与生态城市。并依据线路的相互关系将上层动脉划分为商业展示、露天剧场、体育中心等不同的主题活动单元，为市民提供更为丰富的休息方式与交流机会。不同的活动场所需要，不同园林植物的组合，由上层绿化的横断面设计来实现。

　　上层密布的桥为人们提供另一种生活的可能：徒步或骑单车徜徉在距城市50米的高空，没有污染，没有喧嚣，只有绵延起伏的绿色动脉扎根于城市的每一个角落。

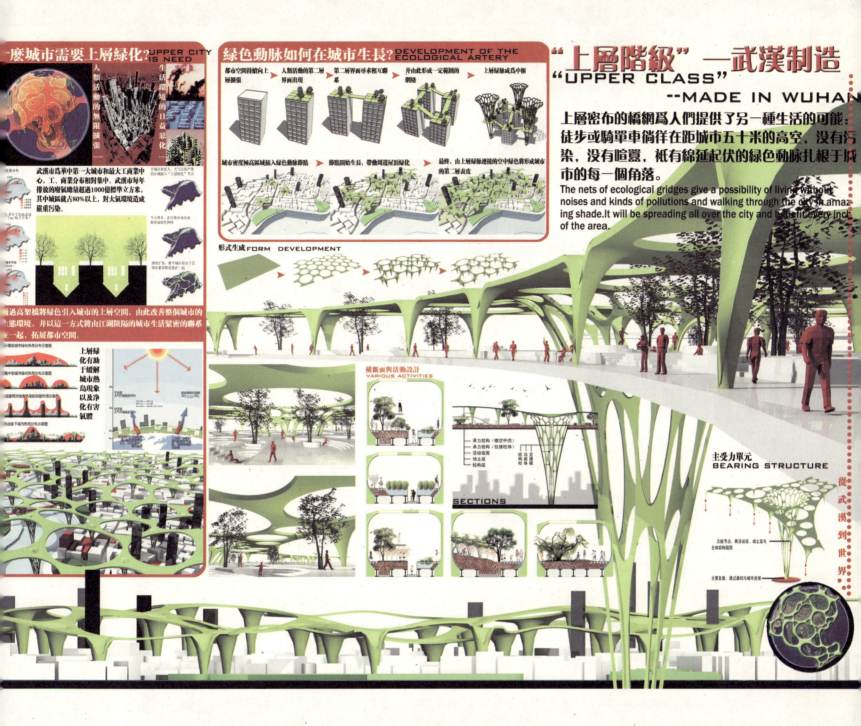

"上層階級" —武漢製造
"UPPER CLASS" —MADE IN WUHAN

上層密布的橋網爲人們提供了另一種生活的可能：徒步或騎單車倘佯在距城市五十米的高空，沒有污染，沒有喧囂，祗有綿延起伏的綠色動脈扎根於城市的每一個角落。

The nets of ecological gridges give a possibility of living without noises and kinds of pollutions and walking through the city in amazing shade. It will be spreading all over the city and benefit every inch of the area.

评委评语

这是一个具有很强视觉效果的设计作品，同时，整个思维过程和设计构思也很流畅。作者从环境角度出发，提出利用绿岛缓解城市温室效应。合理推导了绿岛如何在城市中生长的过程，从而得到合理的建筑形式，并形成了一个将城市有机联系的绿色网络，这是将桥与城结合的结果，也是未来城市需要考虑的问题。通过将生态绿化的巨型结构空间化，并将不同的使用功能结合起来，不但改善了城市环境，同时也形成了壮观的城市面貌。具有一定表现主义的特征。

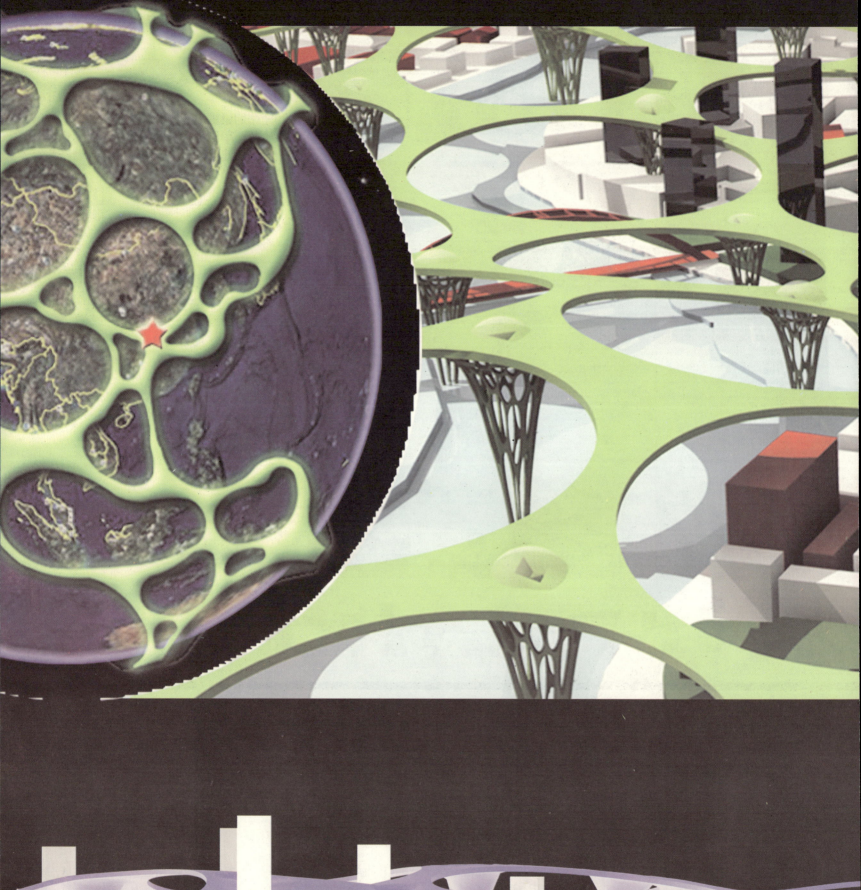

"上層階級"

表现奖　我的银河系 我的乌托邦

设计理念 Concept

作品名称：我的银河系
　　　　　我的乌托邦
设计成员：李　敏
学　　校：华中科技大学

构思立意： 这组作品一开始就立意做一个概念设计，我的口号是"不走寻常路"。拿到题目，万千思绪涌上心头。我们缺的不是桥的形态，而是一种理念，这次设计就想表达我对桥城的理解。桥是连接地区与地区、建筑与建筑、景观与景观、人与人之间的一种利于交流的工具，我不局限于桥的任何形式，只要它能连接，就有了桥的含义。"城"当中最多的就是建筑和人，我的这组作品当中也不能缺少这两个主要的元素。在我的桥城里面，设计了一个圆的形态，圆是起点也是终点。在这个圆形的桥城上，此岸就是彼岸，彼岸就是此岸，人生演绎的是生、老、病、死，也是一个轮回。但是我们注重的是过程，而不是目的，就像在圆形的桥城演绎着这样一种人生的过程。银河系的星云和行星紧紧拥抱在一起，形态飘逸优美，但是又有着一种极强的凝聚力，这样的感觉跟我的理念非常的融合。行星就是建筑，这八大行星象征的是城市中的五种基本功能，学校、办公、医院、住宅和文化娱乐；通过桥把这些建筑连接起来，让人在里面活动。这就是我的桥城。

题目的产生： 这样一个概念设计，是我个人天马行空的单纯理解。"我的银河系"，是桥城设计产生的根源；"我的乌托邦"是在地球上还没有实现的，我脑子里面构筑出来的这样一个幸福美满的圆形桥城。读着这个题目，感觉有一种国王要出征的豪迈，我很感动。

表现方式： 概念出来了，怎么样表现是个大问题。既然是这样一个好玩的题目，这样一个好玩的想法，那就继续用好玩的手法来把它表现出来。我用了一种比较动漫的卡通的幼稚感觉，用纯手绘的方式发挥想像力，通过鲜艳的色彩把我的乌托邦给构筑出来了。

在立面图的表现方面，主要是想营造一个人与自然、人与建筑、人与环境、人与人和谐共存的画面。人是我要反映的主体，所以处处可以见到人的身影，有大人，有小孩，有的人在桥里爬行，在桥上行走，在建筑上眺望，在树上交流，在江底观光，在江里钓鱼，在锻炼身体，在学习读书，在医院看病等等。我们可以抛开一些繁杂的东西，尽最大的想象和可能与这个世界完美和谐地共处在一起。桥的形态在表现上有丰富多彩的形式，其实也就是恰恰在弱化桥的形态，突出功能。从而再次表明我的理解。

平面图反映桥城的平面形态，以及不同功能的几个建筑怎么在这个圆形上的分配。表现形式上追求的是一种个人理解，平面设计上的一种美感。

效果图的表现自己都不知道是几维空间，圆形的桥城要用一个整体的形态表现出来，我认为这样的透视可以把所有的空间关系理解得更加清楚，效果图采用的是装饰画的效果，奇特饱满的构图，浓郁的色彩，给人的感觉耳目一新，印象深刻，自己也非常满意。

整个作品用了两天的时间，其间的过程有思索的痛苦，有表现的快乐，总的来讲是一个很开心的过程，很过瘾。非常感谢有这样的比赛，让我能不受任何拘束地把我的想法表现出来，这本身就是一种快乐。

我的銀河系 My Galaxy
我的烏托邦 My Utopia

天上的銀河系非常的優美，星雲和行星們組成的圓形的形狀緊緊的擁抱在了一起。在我的眼里這是一個和諧，美好的星際大社區，地球上也有一個我的烏托邦的圓形橋城，在這里人與人的交往，人與自然的交往是那么的歡樂和和諧，看，它正拉開了序幕……

The Galaxy in the sky is extraordinary grace. The circular type which made up of nebula and planet embrace tightly. In my eyes, this is a harmony, beautiful big interplanetary community. there is also a city of round bridge as my Utopia on the earth, the contacts between people and people here, people and natural contacts are happiness and harmony, look, it is raising its curtain……

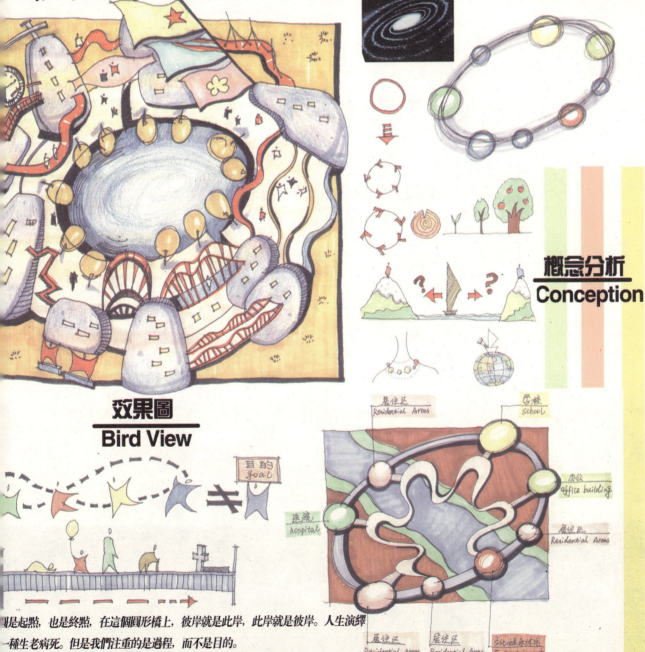

既是起點，也是終點，在這個圓形橋上，彼岸就是此岸，此岸就是彼岸。人生演繹一種生老病死。但是我們注重的是過程，而不是目的。

It is a starting point to be round, also the end point. On this round bridge, the other side is this bank, this bank is the other shore. It was a kind of birth and old age, sickness and death that deduced in life. But what we paid attention to is course, not the purpose.

评委评语

在此次设计竞赛中，这个作品是为数不多的手绘作品之一，更重要的是，它为我们提供了一个以儿童的角度来看待桥城概念的机会。这是在一般的设计作品中并不常见的，所以在与其他作品的比较中显得相当特别。作者并不拘泥于现实情况，为我们描绘了一个并不存在的桥城社区，充满了天真浪漫的想象力，可能很多考虑是基于纯想象的因素，但这个对于一个受到传统建筑学教育的学生来说也是很难得的。如果将作品中各种科幻元素进行深入的研究和考虑，排除一些不科学元素，将会提高设计作品的可信度和可靠性。

•1•

A elevation

创意设计奖
The Cretative prize

创意奖　反转光辉城市

设计理念 Concept

作品名称：反转光辉城市
设计成员：刘默琦
学　　校：东南大学

　　反转光辉城市是一套城市生成逻辑，是将桥与城这两个元素在功能与结构上结合之后，形成的一种新的城市系统。方案注重的是设计一套城市开发建设的规则，在这个基本规则下，规划师、建筑师、景观师与结构工程师可以进行各自的设计。而最终形成的城市形态，仍然保持反转光辉城市的生成逻辑和系统结构。最初的概念来自于葡萄。葡萄的种植需要充足的阳光、适宜的温度、湿度和通风。而人的住所同样需要充足的阳光、适宜的温度、湿度和通风。对于武汉这样一座气候炎热的江城，首先想到的就是这几个影响城市生活质量的基本元素。利用种植葡萄的分层结构生成桥城的竖向结构：种植葡萄的分层是指自下而上的葡萄支架，支架上的葡萄藤蔓，藤蔓下方悬挂的葡萄果实以及藤蔓上方覆盖的大面积的葡萄叶。如果将葡萄果实的部分看作是最适宜居住的地方，那么葡萄支架可以看作是桥城竖向的支撑结构和水平向形成的主干道路网，结合葡萄藤蔓形成城市的道路网络。最上方的葡萄叶有最好的采光同时又具有适当的遮阳效果，可作为城市顶层连片的公共绿地。葡萄果实的部分，就是适宜人居住和工作的城市空间。葡萄支架将葡萄支撑在空中，桥将城支撑在江面上。

　　桥城的结构，自下而上是：墩，桥城的核心筒，高层建筑、公共设施和管线集中的部分；城，大部分悬挂在桥路网格中，向下发展的城市建筑；桥，形成桥路网，并与城市道路网相连接；城顶绿化，形成绵延的公共绿地。其中，核心筒的概念来自于柯布西耶光辉城市中一座座整齐高耸的大厦。在具体设计中，我采用了与武汉城市路网相适应的桥路网尺度，并结合核心筒形成方格网络。这是对中国当今高速城市建设的适应，是一种高效、经济和便捷的城市网络形态。

　　在整个设计中，贯穿始终的理念是强调对阳光、水和风等自然能源的充分利用，使桥城成为一种生态的城市结构：景观师设计的顶层绿地起到城市降温作用；圆形开口保证下方悬挂建筑的采光和桥城上下空气的流通，利用城市中的江面这种特殊的开敞空间形成的气流通道，创造良好通风，并利用江水湿润空气保持适宜的湿度。景观师和建筑师可以结合景观设计采光井满足冬季采光，圆形采光井可以根据阳光的方向转动。同时，公共绿地的遮荫可以采用大面积的绿化遮荫和太阳能板遮荫，也可以设置小型的风能发电站，为桥城提供清洁能源。建筑师可以根据城市肌理，设计建筑悬挂在桥路网上，建筑一层与桥路相接，建筑的顶面和公共绿地相接，多层建筑向下发展。桥墩核心筒包括了支撑结构、管道系统、高层建筑、功能核心，需要结构工程师、建筑师和规划师共同完成。

　　从城市物质形态上看，"桥城"就是反转而倒置在江中的"光辉城市"。而反转光辉城市设计方案的思想不仅仅是形态上的反转，同时期待着城市设计态度上的反转，强调生态和谐的城市设计逻辑和建设规则。反转光辉城市所尝试的不是一个具体的物质形态设计方案，而是一套武汉"桥城"城市建设的游戏规则。在这个规则下，建筑师、规划师、景观师与结构工程师再进行各自的设计。我认为，这种对"规则"的设计才是"城市设计"的根本。

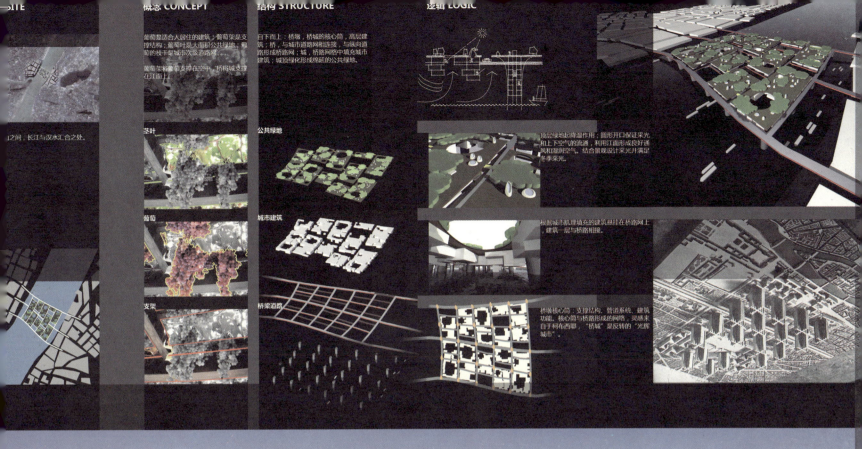

评委评语

这个设计非常深刻地考察到了当代城市存在的敏感问题，具有深刻的现实意义。如何让人们充分地享受自然、光和空气，建筑先驱们早就为我们提出过光辉城市的构想。而作者很细致地考虑了这个问题，并从自然现象出发，提出了与前人不同的解决方法和思路，有很强的思想性。这个设计的构思过程和推导方法自然流畅，具有创造性。同时，我们早已习惯从下而上地设计并建造一个建筑，但从这个作品中，作者不经意地也为我们提出了一个很有挑战性的话题：如何从上而下设计城市和建筑。或许，这是未来我们要经常面对的问题。

创意奖 BRIDGE CITY

设计理念 Concept

作品名称：THE FOUTH CITY-CITY BRIDGE
设计成员：常 可
　　　　　崔 凯
学　　校：天津大学

　　本设计力图从新的视角在整体上对长江和武汉的关系作一些辩证的分析，以求提供一条理解城市的新思路。

　　一般的跨江城市无非分这样几种：单边发展跨江型、双边发展跨江型以及内开河型。但是武汉的情况相当特殊，它介于单边与双边之间。武汉不是一个城市，而是三个城市，这三个城市都是沿江而立，各自发展。长江武汉段太宽了，宽得几乎在古代隔绝了这些城市，使它们的发展轨迹各不相同。随着现代科技的发展，人类驾驭的尺度越来越大，长江也不再是天堑。通常我们通过桥跨越江河，渐渐桥越建越多，将江面覆盖。桥就如同针线，将江面缝合起来。相对于"缝合城市"，我们提出了"拉链城市"的概念。鉴于长江相当可观的宽度，我们主张把长江看成城市的媒介，一种晶体，一种两亲物质。我们不需要去跨越它，而是可以通过它更好地进行物质及精神的渗透，就如同拉链一样，可以灵活地处理江与城的关系。于是，长江可以成为传统意义上城市的一部分，成为武汉的"第四城"。

　　如何解决提出的问题呢？一是通过隧道的方式解决交通，二是通过在江中植入"活体"，来激活长江本身。这两个方面都考虑到了不破坏长江的风貌，并促进航运发展。我们自然地想到运用水本身的特点，通过船这种传统亲水设施，恢复江的本性。我们设计了一种类似于半潜船的设备，它可以在江中漫无目的地漂泊，它完全属于江的一部分。在形态上，它从江中和缓地凸起，顶部可以自由地开闭，江水被泵到顶部，从壳体上汩汩流下，好似与江面融为一体。在功能上，我们主要考虑在上面种一些植物，变成江中移动的绿地、森林以及农田，为城市提供氧气。顶部开口随阳光照射的角度不断作出变化，保证作物能得到最好的光照。这种半潜船可以和不同的江底隧道连接，进行物质的交换，但是它们不会靠岸，它们不属于陆地，它们是水与岸、液体与固体之间的模糊的介质。隧道可以多建，将交通的交换隐于地下。在隧道中可以有各种功能，比如商业、办公等，人们可以进入半潜船观光，体会到对于长江的归属感。

　　我们希望通过这些理念，能够构建起一个精神上的"桥城"或者更确切的说是"城市之桥"。我们的方案不仅仅关乎于桥或城，而是从地域性的角度对于中国文化作了一次建筑意义上的东方的思考。

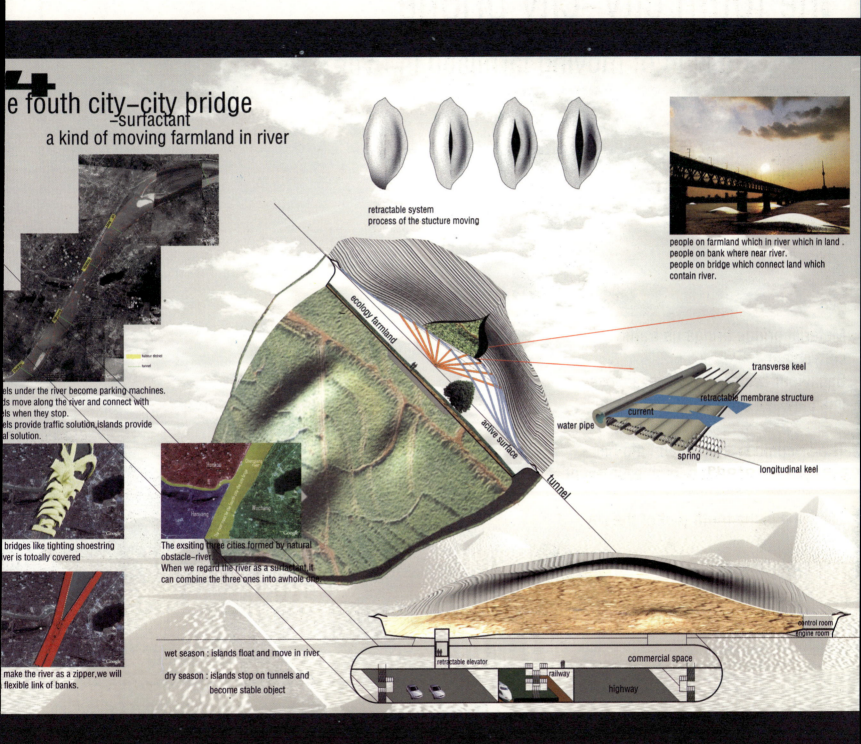

T4
The fouth city-city bridge
-surfactant
a kind of moving farmland in river

Meterial bridge brings us traffic convenient.
Behaviour bridge brings us a close link between our mind and the city.

The sleeping river is opennimg her eyes,staring at each person,each event.

I belive it is the fouth part of the city.

A city bridge.....

When we face a city, a really huge city with a great river across it, how can we develop it as a whole one?
Build bridges– a western way to suture banks and kill the river.
In fact, we do not need to across something.
 Let the river be a part of city.
 It is a rebirth⋯

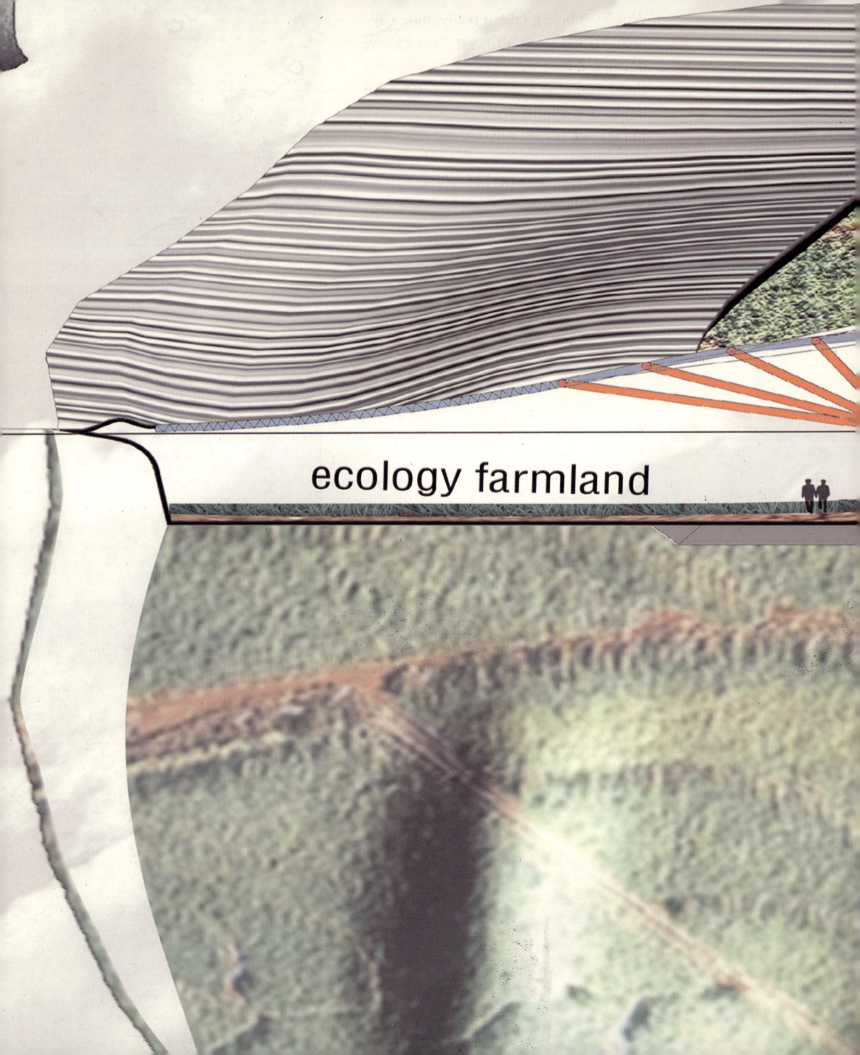

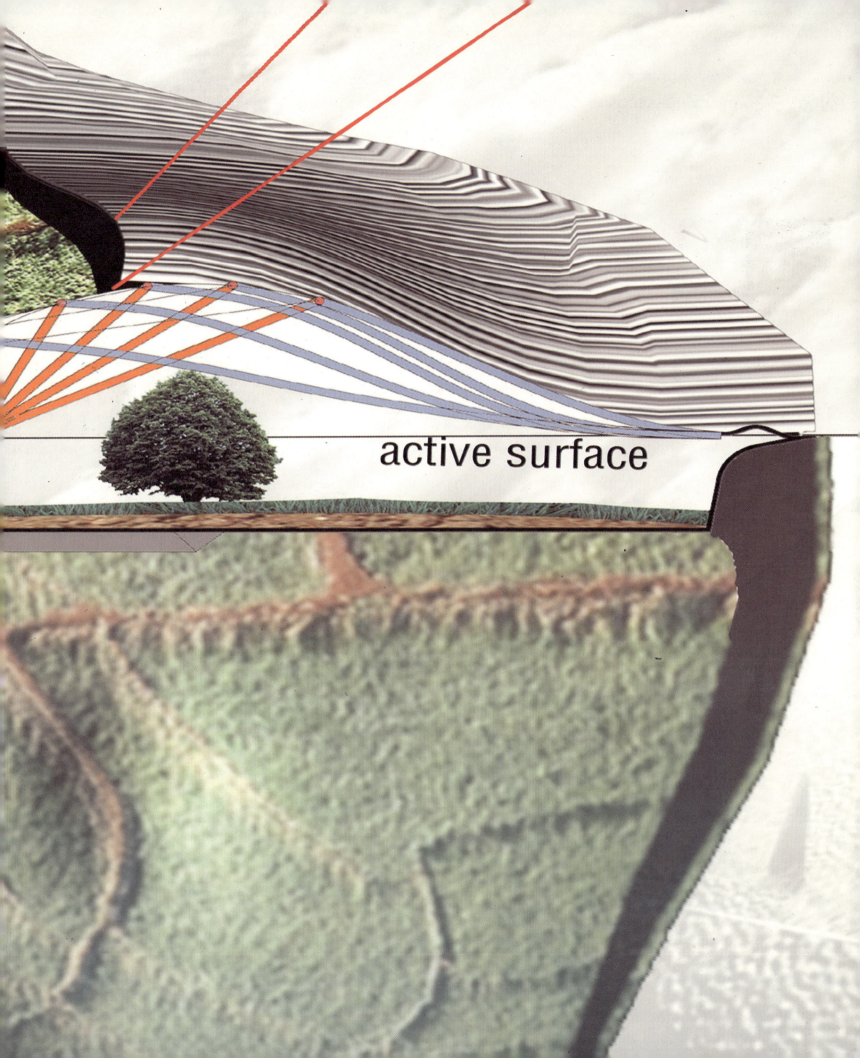

创意奖 CRACKING&RECOMBINE

作品名称：CRACKING&RECOMBINE
设计成员：张　畅
　　　　　谢　溪
学　　校：武汉理工大学

设计理念 Concept

起点：这个设计试图将桥还原为它的本质,桥是连接体。桥的出现，是对事物的分崩离析所作出的回应。没有分离就没有连接，桥又是事物经历从"解构"到"重组"的标志性存在。桥是动态的触媒。如果把桥的两端看作宏观的整体，每一天每一时刻，其成分在单位体积内不断发生交换反应，以达到动态平衡。桥成为变化的容器，甚至桥，就是变化本身。桥是暧昧空间的插入。从表象看，桥以"空"的姿态同时化解了水的流向与人的通过之间的矛盾。从内在看，桥创造了"灰空间"，创造了明确事物之间的过渡阶段。这是混杂而具有极大包容性的阶段。桥是创造可达性的工具。它将"穿越不可凭借介质"的问题转化为"制造可凭借介质"的问题。狭义的桥跨越了不可渡过的介质水，跨越了不可逾越的介质山谷；广义的桥跨越隔阂，跨越差异，使不同事物间的融合产生可能。桥是社会意志的建筑体现。现代社会经济圈的扩大最直接的表现，在于地域间的联系在不断增强。桥的出现与数量的日益增加，印证了人们增强交流的需要，印证了现代社会资源共享的广域化需求。

过程：武汉之为三镇，是长江、汉水分隔使然。桥是武汉人日常生活不可缺少的一部分，这种必需品的角色，与"桥"的单一性产生矛盾，我们需要一个新的载体，一个自由的、开放的载体来代替现有"桥"的功能，它必定是与城市意志相统一，最终成为整个城市的一部分。从这个角度出发，考虑到对城市的最大可适应性，我们试图打破关于"桥"的具象概念。理想城市中的"桥"将不仅仅是线性的连接物质，而是可以随时产生，随时消解，并且承载有一定功能的动态体系。怎样来实现这个想法？我们从生物学中得到了灵感。在人的身体中，有一种奇特的破骨细胞。它不断地破坏和吸收骨髓腔周围的骨组织，以使骨髓腔持续扩大。表面上它破坏了骨骼内部的组织，实际上它却产生了使骨骼更粗壮的新的物质。于是在"桥城"设计中，我们看到了"桥"之于城市的新的意义——打破秩序后的成功再生。在我们的表达中，桥抽象为漂浮在江面上的单元"块"。它们可以是一块绿地，可以是一块提供人们休闲活动的硬质场地，可以是一块小商贩们贩卖东西的场地，可以是人们坐下来品尝风味小吃的地方……它们代表所有与人们生活息息相关的活动，它们漂浮在江面上，随时可以根据需求重组，自行生长、自行消解，成为有生命力的有机体。进而我们会想，是不是在这种观点的控制下，城市乃至大陆板块也可以被理解为是承载各种功能的"块"？它们按照自身的发展和生长过程自行组合，解体再重构，不断生长出新的，代谢掉旧的？是不是那么我们的城市也演化为一个动态的有机体？桥是城市，城市又是桥呢？这个设计所提出的概念代表了我们对"桥"的社会角色的理解，又是一个过程性的提案。

结论：借助桥的功能，一个稳定的城市模型可以由"分裂原有环境－加入连接介质（桥）－得到新的稳定环境"这一过程在微观和宏观各个层面上不断发生和演进构成。

评委评语

这个作品借助生物学的概念为我们提出了一个值得思考的问题：如何进行建造。或许，让一个事物破碎是最好的组织方式？这可能也是事物发展的一般规律，因为事物总是在矛盾的对抗中才能不断发展。作者通过对作品的演绎细致地为我们阐释了这个道理。作品过多地停留在概念和形而上的讨论，并没有为我们明确的提出一个具有一定形象的设计作品，可能是一个遗憾。假如他们能够顺着这个思维的发展，进而变成一个具体的设计，不管设计的结果如何，则更能完整地支持他们的理论。不管怎样，这确实是一个有一定思想深度的设计。

创意奖 FLOATING SPIRITS

设计理念 Concept

作品名称：FLOATING SPIRITS
设计成员：郑 越
学　　校：天津大学

　　武汉水网密布、百湖连珠，一座座桥编织了武汉通达的交通网络，凸现出"九省通衢"的交通优势。在作为江城、也作为桥城的武汉，设计应该体现与武汉城市文化的传承融合，体现与江城环境的融合，体现新时代的文化精神。Floating Spirits是一个浪漫的设想，它依桥而生，漂浮着，充满了灵秀的韵致和勃勃的生机。它以一个景观小品的身分，以一个个宣传者的身分，以一个个艺术家的身分，以一个个休憩处的身分，以一个个投资点的身分，或者以一个个生活寄托体的身分加入武汉这座江城。它因人而存在，带给人们新鲜感、时代感、梦幻感，带给人好心情，带给人商机。

　　概念由来：桥是连结和沟通的城市区域空间元素，是通过和聚集大量人流的场所。人在桥上停留，桥的空间可以通过依附于母体的"Floating Spirits"元素的引入而衍生。

　　造型原型：Floating Spirits的造型灵感来源于水滴——长江最基本的组成元素。这样的造型也是江城意向的延续。

　　色彩体量：武汉的江景由于多雨的气候、地质、植被的原因，呈现一种素雅的色调。Floating Spirits的透明表皮可以透出里边的五颜六色的灯光，你也可以根据个人喜好赋予它活跃的图案和颜色。它的鲜艳明丽的色彩，轻灵而晶莹剔透的体量为色调素雅的江城引入活跃的景观元素。

　　与桥共生：Floating Spirits衬托桥的姿态，装点桥城环境，富有时代感、艺术感，有利于城市环境品质的提升。

　　建筑功能：Floating Spirits的大小随功能而有不同。在其中引入多元化的空间，它可以作为：住宅——个性的年轻一族展现自我风采的平台。你可以透过夜色绚丽灯光闪耀下的透明表皮show出独特剪影，也可以藏在密实的百叶里窥视江城美景，还可以在建筑外皮涂上你钟爱的图画，或者出租给企业商家作广告。店铺——独特的位置有利于增强店铺的知名度。人们在江上，在空中购物，会有一种独特的心理感受。观景室——依桥临江的Floating Spirits，可以供人们观景、品茗。祈祷室——四面悬空，意境空灵。纯净的空间，清净的位置，可以作为宗教和祈祷的场所。沙龙空间——尽情地high吧，体验在江上的Floating Spirits开沙龙的独特感觉。休闲空间——这里的休闲，像Spirits一样无忧无虑，逍遥自在。随着微风惬意地摇摆，体验着Floating的逍遥。鱼儿透过透明的水，你透过透明的墙，你们相互对视，相互微笑。旅店——在Floating Spirits里享受江面清凉的夜风，游子的漂泊，在这样一个诗意的梦境中沉淀。

　　建筑结构：Floating Spirits的结构是一种轻便、可拆卸的装置，易于生产和组装。引入"伞"骨架作为结构原型。支撑结构和楼板的承重肋在收折状态分离，在展开状态通过卡扣联结。中部结构为主要受力构件，承载每层支撑结构传来的力，并用肋架支撑活动楼板。中部结构可以是楼梯或小升降电梯，可以像"鱼竿"似的段段相接、伸缩折叠，几层活动楼板也可以叠合在一起。维护结构采用可折叠的百叶，并可以拆下。外面赋予膜状围护结构。

　　商品和市场运作：Floating Spirits将重新诠释房产与不动产的概念，房产成为一种脱离地产而存在的商品。

　　流通：Floating Spirits可以根据需要方便地拆解、折叠、挪动，可以像普通商品一样便捷地流通。购买Floating Spirits，不需要办理土地方面的手续，你只需为Floating Spirits悬挂所占用的桥下附属空间缴纳一定的租金。这大大地提升了它的市场价值。

　　广告：Floating Spirits的艺术的造型和引人注目的位置使它的建筑表皮成为良好的广告媒介。Floating Spirits的拥有者可以以个体的形式把表皮的广告权出租给企业或商家，收取一定的费用。企业或商家也可以集中收购几个相邻的Floating Spirits的表皮广告权，作较大型的广告。如果拥有者采用按揭的方式购买Floating Spirits，还可以利用广告的费用作为按揭的月供，只要拥有者愿意，Floating Spirits可以成为一种小型的产业。这是一种有收益的房产投资，其中有很大的商机。

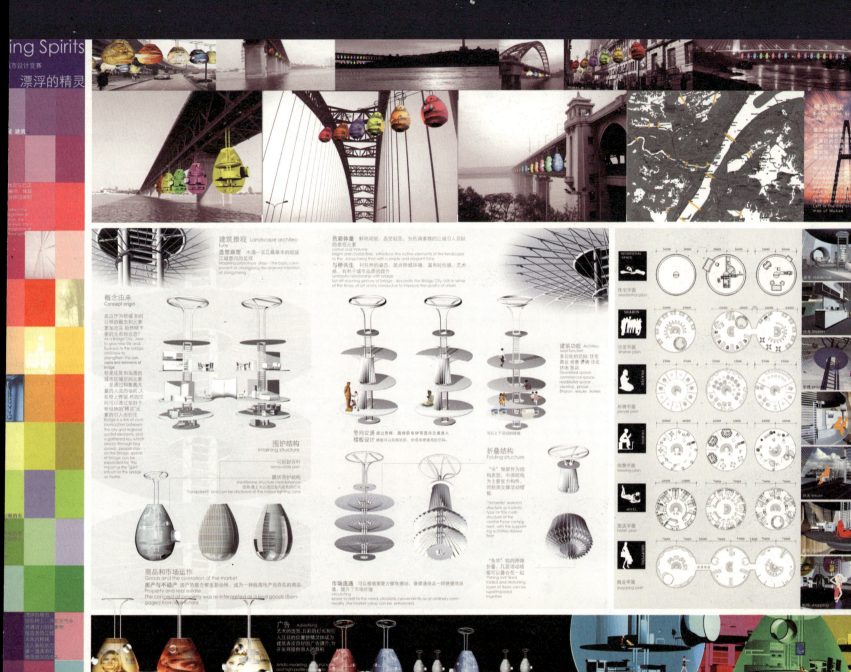

评委评语

这是个浪漫而活泼的设计，作者考虑到武汉的桥梁文化的特殊性，将桥和城的概念巧妙地打散重组。提取水滴作为设计的元素，将各种功能单元作为统一体悬置于现有的桥梁上，形成了具有特色的武汉城市景观。从功能设置上，作者充分考虑到了各种不同的城市需求，既丰富又人性化。从外部效应上，也兼顾了城市宣传、建筑景观、商业运作等社会功用。并且，从设计概念到结构运用，都有一定的科学性和合理性，有一定深度，是一个富有创造性的设计。

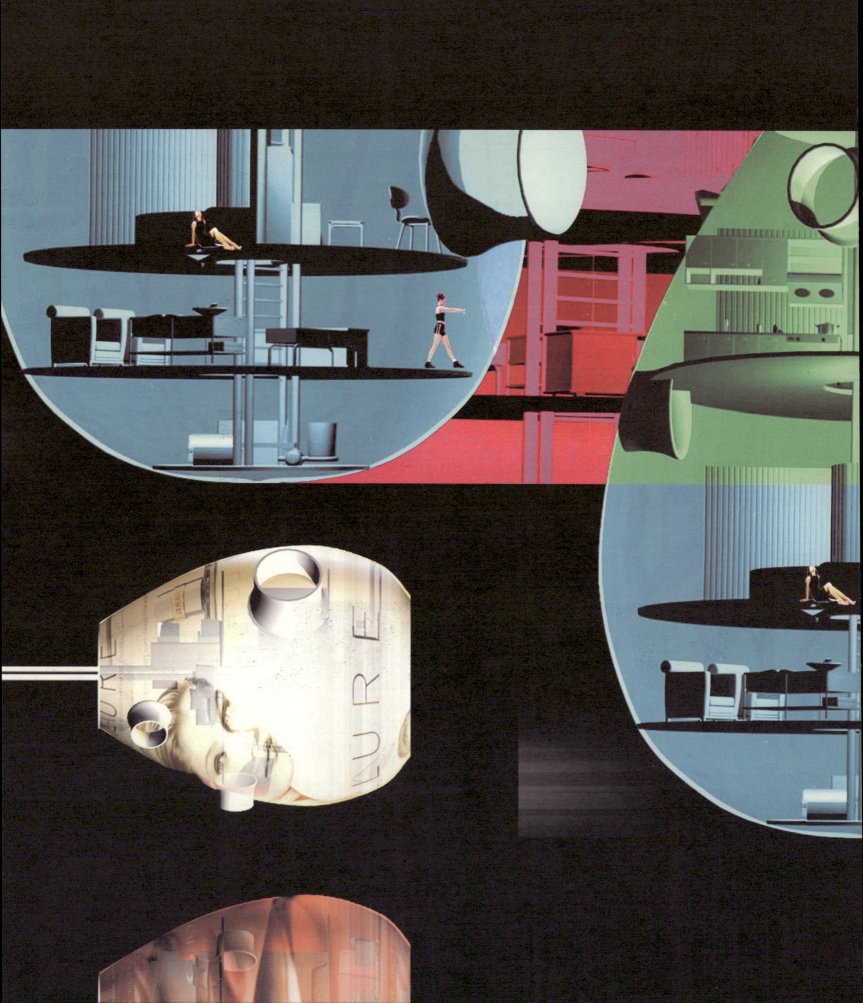

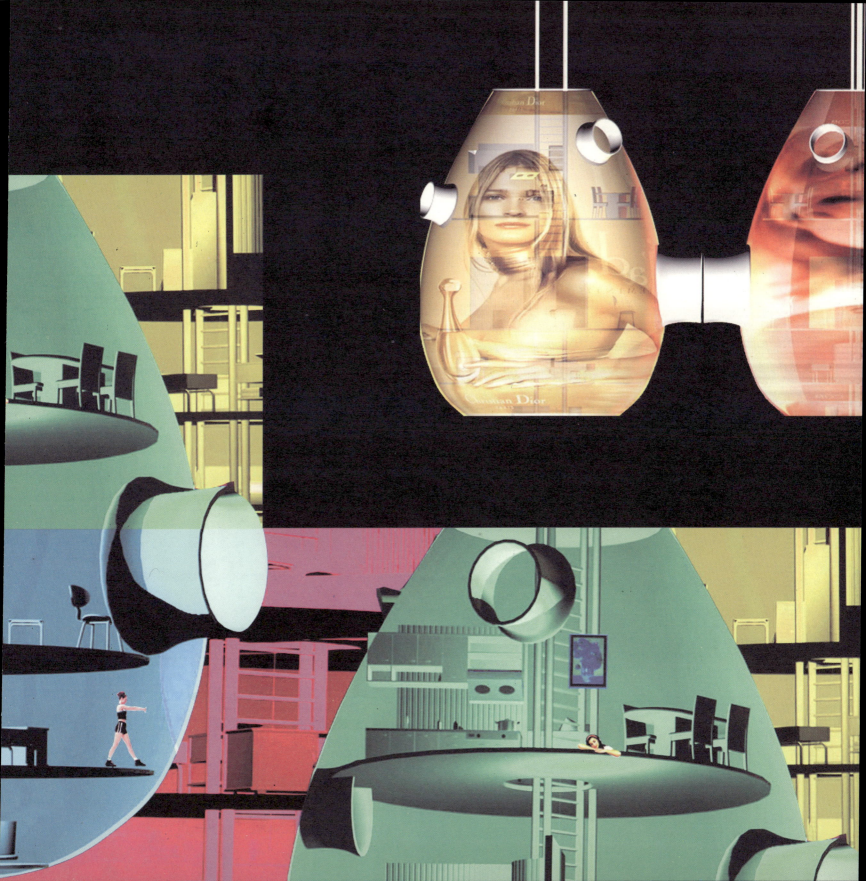

创意奖 THE GREEN STREET UNDER THE BRIDGE

设计理念 Concept

作品名称：THE GREEN STREET UNDER THE BRIDGE
设计成员：胡跃君
　　　　　邓钢石
学　　校：武汉理工大学

武汉长江大桥位于武汉市汉阳龟山和武昌蛇山之间，是新中国成立后在"天堑"长江上修建的第一座大桥。这也是古往今来，长江上的第一座铁路、公路两用桥。建成之后，成为连接我国南北的大动脉，对促进南北经济的发展起到了重要的作用。

武汉长江大桥凝聚着设计者匠心独运的机智和建设者们精湛的技艺。它不仅是长江上一道亮丽的风景，而且也是一座历史丰碑，在江城人们的生活中留下了不可磨灭的印象。长江大桥相当于一条长长的纽带，它联系着江城两岸的经济、交通，同时也是两岸江滩景观的联系枢纽。目前两岸的江滩已经成景，但它们都是沿江方向的。相对而言，垂直长江方向的景观联系较弱。

长江大桥分为上下两层，上层走汽车，下层是火车轨道。对于下层空间，人们无法亲临感受，只能沿江驻足观望。只有火车通过时会打破空旷，感受到声音和速度带来的动感体验。上层空间行人虽然可以穿越，但却是一种消极的环境，汽车的噪声、废气，以及阳光和风雨对于行人来说都是一种驱逐。长江是一道壮丽的风景，大桥本身更是一道景观，如果人们不能够在这里停留，又该如何去感受……

桥单单作为交通功能的时代已经结束了，我们应该考虑桥的综合利用，桥的结构、桥底空间。我的设计利用长江大桥的下部空间，增加一条绿色走廊。每两个桥墩之间是一个单元，可以作为绿地、运动、休憩、观景等多种功能场地。两边走道与中间场地的标高错开，在空间上形成错落感，同时也可以便于行人观景。所营造的空间接近人体的尺度，让行人能够近距离地接触长江大桥，体验长江大桥。同时，增加沿江两岸的垂直联系，也使桥的空间形态更加丰富。希望通过这次设计，使长江大桥变得更加亲切、宜人。

THE GREEN STREET UNDER THE BRIDGE

沿江两边江滩景观丰富，但纵向缺乏景观之间的联系。

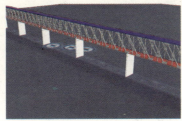
上层为车辆通道，下层为火车通道，整个大桥缺乏供人们体验、驻留的空间，无舒适的环境供人们于江面上体验长江风景。

桥上车辆繁忙，空气污浊，噪声污染严重，没有足够的绿化提供人们所需要的步行环境。

分析结论：

长江江滩经过长期的建设和改造，已成为了江城重要的景观带。作为联系长江两岸重要枢纽的长江大桥，在交通方面发挥了重大的作用，其自身也是重要的 标志性景观，应该是一种能够以 人的尺度 充分体验的空间。但是从现状分析来看，显然没有达到这种空间效果。希望通过改造，赋予长江一桥新的 生命力 和 亲和力。

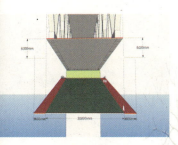
A桥段剖透视

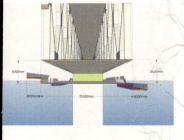
B桥段剖透视

E桥段剖透视

F桥段剖透视

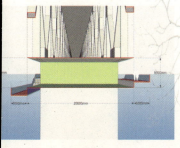
C桥段剖透视

C桥段意向图

B桥段意向图

E桥段意向图 D桥段意向图

D桥段剖透视

设计说明：

武汉长江大桥位于武汉市内，大桥横跨于武昌蛇山和汉阳龟山之间，是我国在万里长江上修建的第一座铁路、公路两桥。在机动车和火车的通行上起到了很大的作用。但是对于人们在其中仔细体验长江景观和其本身来说，缺乏一种亲近人和适宜人驻留的空间场所。

同时，沿江两岸的两个重要景观带，在横向上得到了充分的展现，但是对于纵向来说，这种展现是很苍白的，应该充分利用桥本身的特点来营造纵向宜人的景观带。

通过对其空间特点分析，在桥的下部可增加一个宜人的 步行绿色走廊，使之成为一个 宜人的人行空间，并成为长江两岸江滩景观带的 联系枢纽。

评委评语

平常的设计中也有不平常的亮点，对于这个作品的评价基本上是从桥梁工程的角度出发的。作者将桥梁的底部增加了一个可以灵活变化的步行空间，并且可以随着使用功能的变化进行搭配。通过不同的剖面图，反映了关键部位的结构处理和空间安排。

创意前卫奖

The Avant-garde prize

前卫奖　　上下之间

设计理念 Concept

作品名称：上下之间
设计成员：陈　晗
　　　　　苏仰望
　　　　　崔汶汶
学　　校：哈尔滨工业大学

　　历史上，一座横跨长江的大桥改变了武汉三镇的城市面貌，武汉市民的生活方式也随之改变。现在，武汉以其特有的地理环境和历史人文继续着城市与桥的故事。桥意味着跨越和前进、疏导和发展，每一座桥的建设都意味着一个区域发展的契机。桥已经成为了武汉城市发展的主题，各种形态的桥丰富着城市面貌，同时也深深影响着城市居民的生活与工作模式。

　　归元寺地区保留着大量武汉三镇特有的民居建筑里分式住宅。这里街巷错综交织，街道尺度狭小，缺乏基础设施，居民生活环境质量不甚理想，与这一地段历史文化资源保护开发的价值形成强烈的反差。我们希望把桥作为一种新的城市构建元素，引入归元寺地区的城市改造。而该地区以归元寺为中心，存在大量小体量高密度的寺院与民居需要修缮保留。在保护与保留历史建筑的前提下，如何增补城市市政设施，如何规划城市未来的发展空间。

　　我们发展了地下城市的规划理念：向城市的地下索取发展老城区内新兴建筑的建设空间。桥被引用为地下与地上的连接，既是对地上老城区的支撑与功能的补充也是地下城功能组织的核心：巨型结构的桥体编织成桥网，其模数与坐标方向均为城市空间的理想街区尺度，便捷且朝向好；桥网所支撑的地下空间，可通过地面原街道的下沉与镂空进行有效的采光与通风；地下城的开阔保证了生态系统的发展，取得良好的适居环境；桥网可以垂直发展，为区域开拓更广阔的城市空间；地下城市以桥网为结构，根据桥的脉络与走向规划街道，实现机动车辆的通行与停留；增加商业办公建筑，辅助旅游参观设施，在控制原有城市土地面积不变的情况下，提升利用价值。

　　在我们的构想下，新的归元寺区域将成为垂直化线形城市发展的模型，旧城区将获得新生，连续发展的模式与动力。桥在构想中依然是作为"改变的主体"，是真正城市视角下，建筑与规划设计的主题。

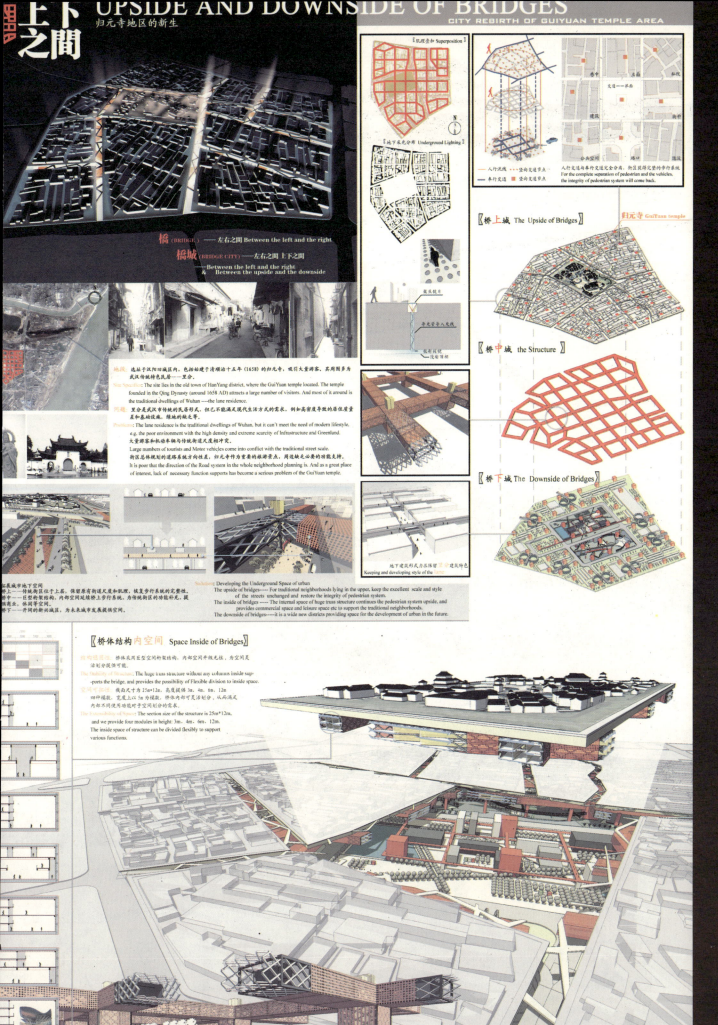

评委评语

如何在高密度、交通拥挤、环境恶劣的条件下为人们创造一个舒适高效的生活空间是一个早就摆在我们面前的问题。作者从城市问题着手,深入观察了武汉在城市发展中产生的问题,并提出了相关的解决方法和策略。用分层叠加的办法,将不同功能,不同属性,不同节奏的建筑设置在不同的层级,并用垂直交通将它们联系起来。这样做的目的,既保留了城市在历史发展轨迹中遗留下来的古老建筑,也为人们提供了相对不受干扰的交通空间和居住空间。是一个处理复杂城市问题的探索。

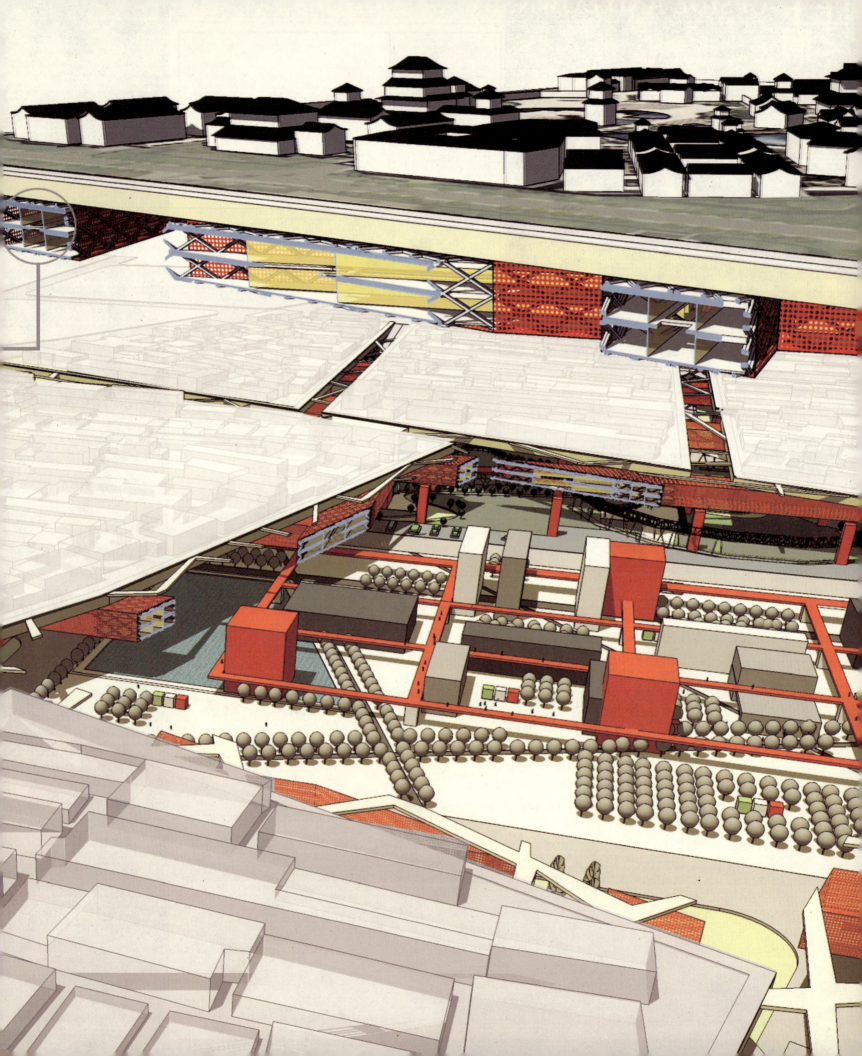

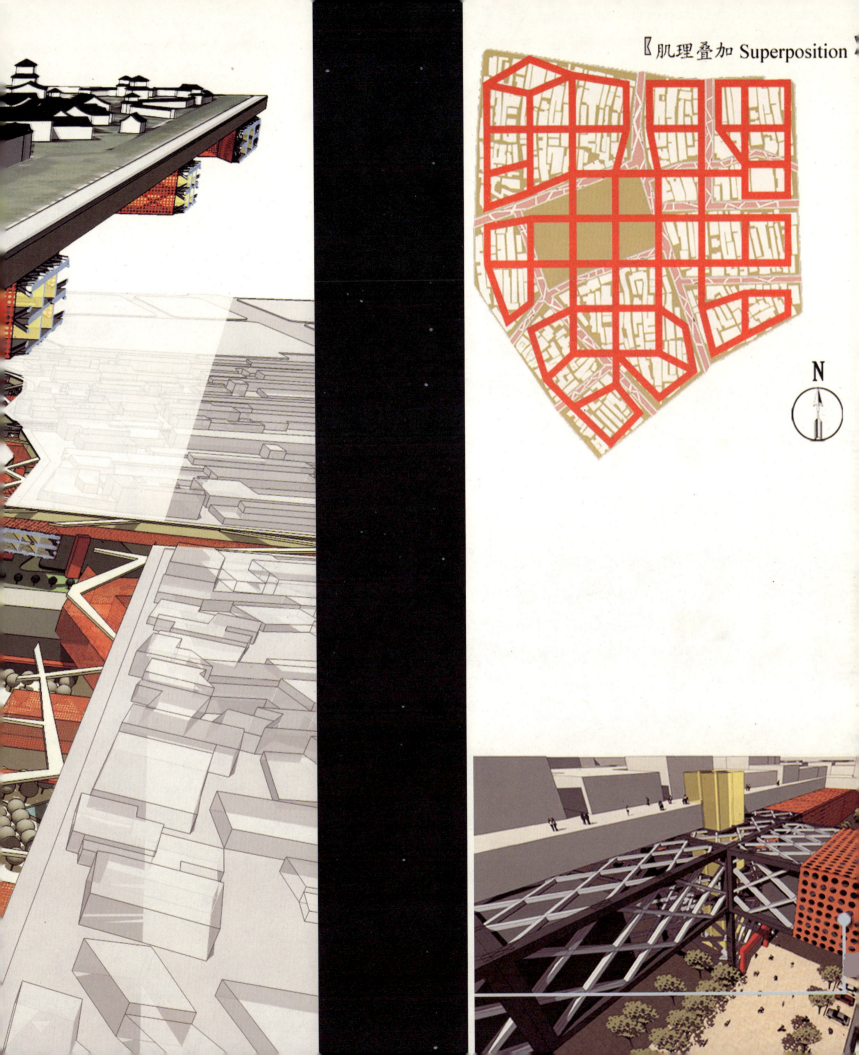

肌理叠加 Superposition

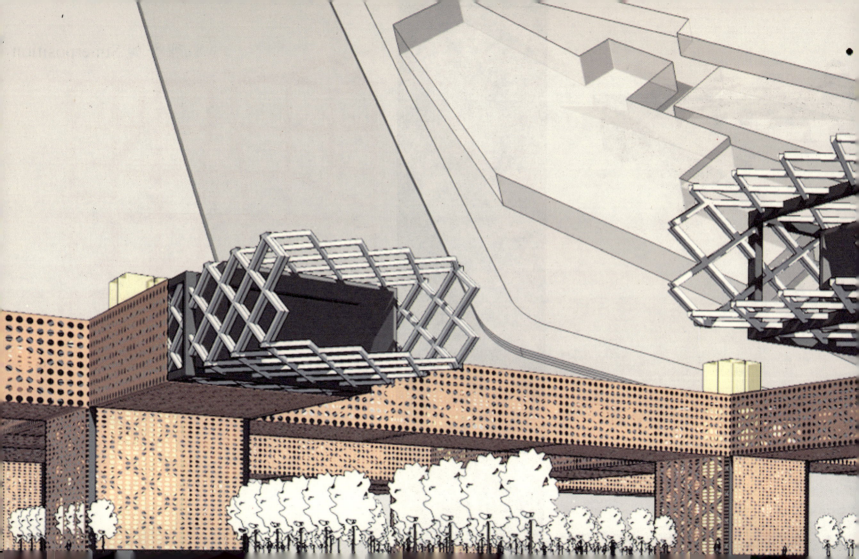

前卫奖 CHARING WUHAN

设计理念 Concept

作品名称：CHARING WUHAN
设计成员：张羽上
　　　　　曹奇琛
学　　校：东南大学

当桥梁在某地区达到一定规模的时候，我们可以称该地区为"桥城"。庞大规模的形成，需要充分的理由。对于武汉，桥梁最重要的意义在于连接汉口、汉阳、武昌，结束长达数千年三镇分割的局面，促成了华中第一大都市的产生。所以连接三地是建设桥梁的理由。目前，江河与城市的关系依旧处在一种割裂与消极的状态。就像植入体内的新器官仍会受到排异一样，江河对于城市而言依旧以外在物质的形态游离于整个城市体系之外，城市里的人要做的事情只是穿越它。要想改善这种局面，要想将江河真正纳入城市，人们就必须能够在江河之上生活、工作以及娱乐，于是必须改变桥的形态与数量来适应这些活动。所以让城市完整地拥有江河，是建设"桥城"的理由。

一个跨越的动作改变了这一切。与桥梁有着同样趋势的坐椅，除了跨越，还为市民提供了坐拥江城的座板。以座椅为原形，将其尺度转换成建筑的尺度，座板的尺度也就成了广场的尺度。当江中大大小小的"座椅"连接在一起，一种不同于常规桥梁的通过方式也就应运而生了。一条大江可以引发文明的诞生，一把座椅可以凝练安逸的生活。遥看和穿越都不是将江和城融为一体的正确方法，当"安坐江上，微风拂面，日落黄昏"的境界到来时，城市才真正地拥有了江河。

前卫奖 BRIDG[ING] CITY

作品名称：BRIDG[ING] CITY
设计成员：聂一平
　　　　　樊芷茜
学　　校：武汉大学

设计理念 Concept

20世纪80年代风靡一时的科幻电影《E.T.》成为了我儿时记忆中不可抹去的一块。印象最深刻的是影片最后小男主角带着ET踏着脚踏车逃跑，在紧要关头依靠神奇的力量平地而起滑过夜空的场景。导演在所有观众心中建起了一座桥，只有理解这超越语言的友情的人才能看见的桥。

让我们回到现实，我所生活过的城市里，桥梁飞架于河流山谷之上，车辆川流不息。人们往来于工作和家庭之间，为了生计而碌碌奔忙。快节奏超负荷的生活几乎让人们迷失自我，缺乏沟通、生活单调。然而，他们甚至没有时间停下来，给家人或朋友一个拥抱，一次握手，哪怕是一个微笑。他们甚至没有时间停下来，去阅读一本好书，观赏一部电影，甚至聆听一段音乐。以"生活"的名义，人们丢掉了生活。

物理意义上的桥联系着两片陆地，而精神意义上的桥联系着两个灵魂。人需要沟通、宽容、信任、理解、责任、记忆……所有的感情就是联系着人与人的"桥"。人的心灵在失去和外界的联系时变成一个孤岛，而城市，也就成了承载着孤岛的平静的汪洋。

用心感受世界，构建一座通往心灵的桥是冲破人际疏离和冷漠的最好方法。它能带我去我想去的任何地方，包括一座和谐，互动，充满生机的城市。

Bridg[e][ing] City

Physical bridges connect two continents while bridges in mind connect people's soul. As individuals, we need communication, tolerance, trust, religion, memory and so on. All types of emotions are bridging bridges bring people together. Without bridges to outside world, the inner heart can be a sear island. The city correspondingly becomes a dead ocean.

The 1980's popular movie <E.T.> has always composed an inerasable part of my childhood memory. The most impressive scene is that a bicycle on which the little boy escapes with E.T. amazingly flew off the land, at the moment the dramatis personae almost get captured. The director built a bridge in my heart, a bridge only visual when friendship between the boy and E.T. is sensed.

Let's be back to the reality. In every city I have lived in, people are struggling for their livelihood. Fast-paced and huge-pressed life gets us lost. Lack of communication, life becomes black and white. Bridges fly over a deep abyss or a wide river, across which people go between several places. Yet they have no time to stop and give a hug, a hand-shaking, or even a smile to friends and family members. Likewise, they don't even have time to stop to read a nice book, see a affecting movie, or listen to a piece of music. In the name of "life", they lose life.

To feel the world by heart and build a bridge with love is the best way to get rid of social alienation. It is my belief that this "bridge" can lead us to anywhere that I want to be, including a harmony, interactive, livable and human city.

20世纪80年代风靡一时的科幻电影《E.T.》成为了我儿时记忆中不可抹去的一块,印象深刻的是影片最后小男主角带着ET踏着脚踏车逃跑,在紧要关头自行车依靠神奇的力量平地而起滑过夜空的场景。导演在所有观众的心中建起了一座桥,只有理解这超越语言的友情的人才能看见的桥。

让我们回到现实。我所生活过的城市里,桥梁飞架于河流山谷之上,车辆川流不息,人们往来于工作和家庭之间。为了生计的碌碌奔忙,快节奏超负荷的生活几乎让人们迷失自我。缺乏沟通,生活单调。然而,他们甚至没有时间停下来,给家人或朋友一个拥抱,一次握手,哪怕是一个微笑。他们甚至没有时间停下来,去阅读一本好书,观赏一部电影,甚至聆听一段音乐。以"生活"的名义,人们丢掉了生活。

物理意义上的桥联系着两片陆地,而精神上的桥联系着两个灵魂。人需要沟通、宽容、信任、理解、责任、记忆……所有的情感就是联系着人与人的"桥"。人的心灵在失去和外界的联系时就变成一个孤岛,而城市,也就成了承载着孤岛的平静的汪洋。

用心感受世界,搭建一座能往心灵的桥是冲破人际疏离和冷漠的最好方法。它能带我去我想去的任何地方,包括一座和谐、互动、充满生机的城市。

评委评语

如果我们早已习惯桥梁作为一个客观存在的物质载体为城市提供必要的交通便利的话,那么此作品的作者则更关注人们内心深处的精神世界,为我们打开了重新理解"桥梁"这个概念的新视角。爱情、亲情、友情、同情,各种复杂细腻的感受也构成了我们处理与他人人际关系的桥梁。虽然作者并没有给予我们关于这个概念的深入探讨,但至少能提醒我们,不要忘了"心桥"这个看不见的纽带。

前卫奖 IT'S ALL AROUND

设计理念 Concept

作品名称：IT'S ALL AROUND
设计成员：李牧歌
　　　　　杨曦
　　　　　孙昊天
学　　校：天津大学

我们希望在原有大桥上设计辅助的建筑或装置，赋予大桥更多的功能，服务于市民。方案是由一个个圆环骨架组成，内部设置公共空间，用于大桥文化和历史的展览和一些简单的公共设施，为游人或过路旅行者服务。

同时方案的造型出于一个大胆的考虑：运用电磁感应定律原理，方案的造型和材质可看作闭合电路线圈，而火车可看作一个运动着的磁体。这样，火车通过大桥"线圈"相当于磁体切割磁力线在闭合电路中产生电流，产生的电流可以供桥上的公共设施使用。同时也可在"线圈"外表面铺设太阳能板发电，达到生态环保、节约资源的目的。

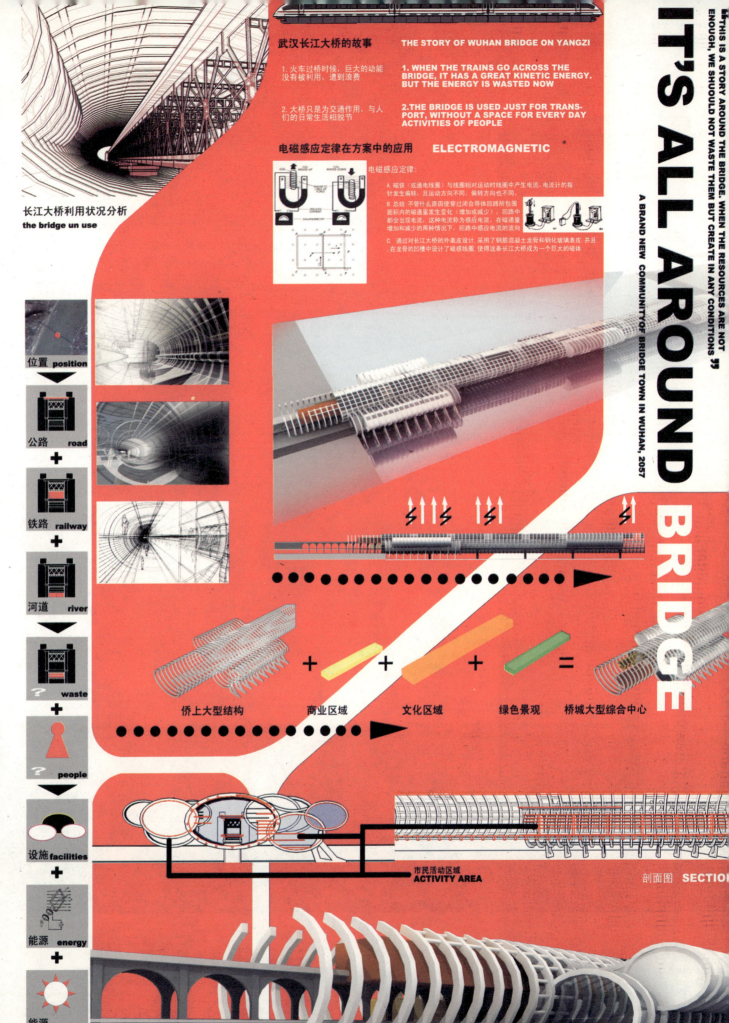

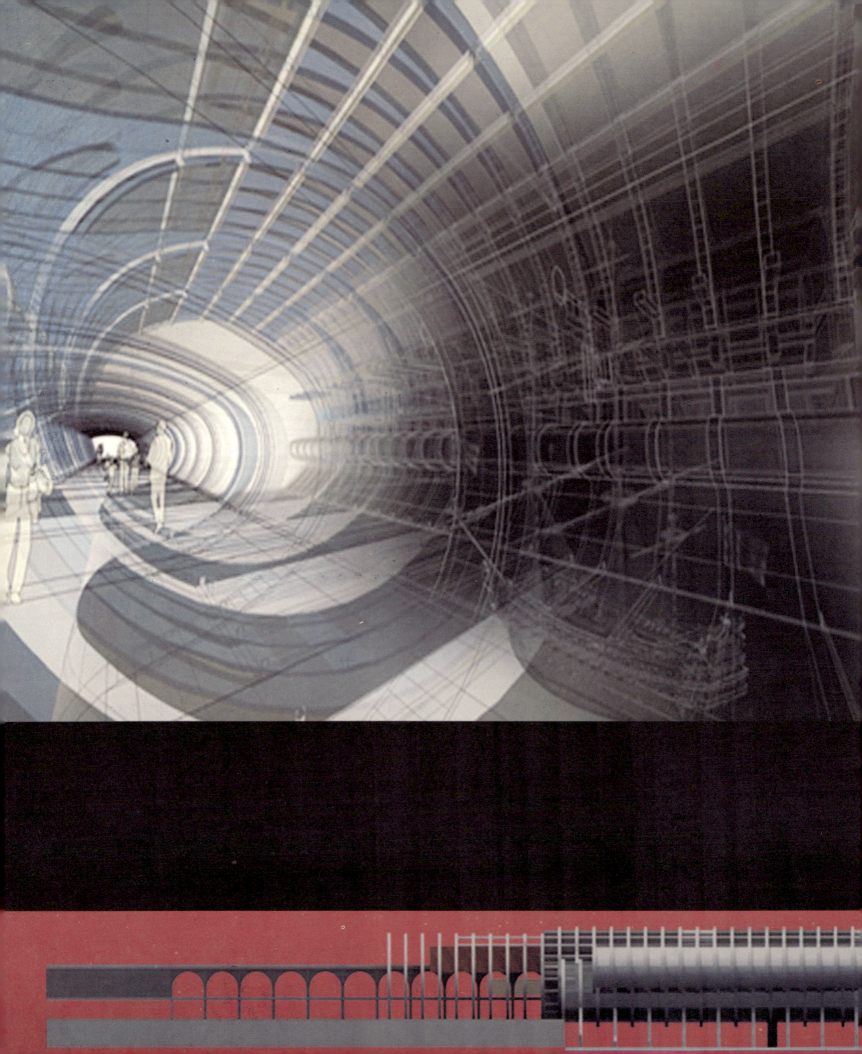

前卫奖 看得见的桥看不见的城

设计理念 Concept

作品名称：看得见的桥
　　　　　看不见的城
设计成员：李　欣
　　　　　郎紫骄
　　　　　周　璇
学　　校：武汉大学

当拿到桥城的题目时，首先被这个充满幻想的名字所吸引,脑海里便开始在那么多熟悉而又陌生的回忆中找寻那个能够满足我们要求的桥和城的印象。桥是联系，城是积聚，于是我们想起来威尼斯，叹息桥，以及那穿梭来往的冈多拉。又想到布拉格，想到布拉格的广场，更有美丽的查理大桥和神秘的古堡。而我们要在武汉也建造一个同样迷人但又不同寻常的桥城。

我们曾经想到大汉口的复兴计划，一个昔日的东方之都，曾经位列世界十大都市的东方巨龙。如今，我们希望从破碎的城市碎片中找到它的身影。然而就象一个人只能经历一个童年一样，我们发现，往日的幻景的逝去已经是一个不变的事实，我们不能一味沉醉在旧日的岁月里，或许往前看，在不远的地方，将会有一片更好的未来在等待我们。

我们把目光逐渐聚焦在改变了一个城市命运的大桥上，就像有了长城便想到中国一样；有了长江大桥，便不知不觉地想到武汉。从1957年大桥建成，它便形成了一个城市独有的印象，人们惊叹于它的美丽与伟大的同时，却忽略了一个很重要的问题，什么才是桥的本质和主体。或许这个问题本来就是多方面的，但无论如何，钢铁与水泥的背后，始终有一个潜在的看不见的力量在影响着我们。一个冷漠的城市，一座孤独的桥梁，或许并不是我们期待的结果，但很多现实无奈地告诉我们，这是一个过度物质化的世界，城市越来越大，大桥越来越长，而我们呢？却变得越来越小。我们已经很难找到童年时代随处可得的游戏场所，也很难想象如今人们可达的范围无限广阔的同时，交流的空间却越来越小。城市没有了中心，人们没有了自由，却被悄悄地束缚在嘈杂的商业街和购物广场，人越多，反而感到越冷漠。

我们发现，不是设计了一个广场，人们就会积聚；就算人们积聚，也不一定会交流。只有当主体双方都有一种互相信任并愿意交流的意愿时，才会创造一个生动的环境。我们所做的就是为2057年的未来设想一个能够真正称得上城市中心的地方。没有了车水马龙的喧嚣，没有钢铁巨兽般的形象，一座座灯塔，指引着人们向往的方向，这不是每个人会来也不是每个人都愿意来的地方，但这绝对是一个真实的地方，因为只有抱有相同愿望的人才会这样聚集在一起，或连则成桥，或聚则为城，你或许看不到，但却一定能感受到。因为这是一座用心连成的桥，用爱聚成的城。

57年，在龟蛇二山之间，建造了第一座长江大桥。第一次将长期分割的武汉三镇连为一体，实现了"天堑通途"的梦想。

2007年，武汉长江大桥到达了它生命历程的中点。美丽的大桥已经成为武汉的象征，是人们对武汉城市印象的浓缩。

2057年，桥是城市系统的一部分，城市是人们生活的容器，组成大桥的元素不再仅仅是冷硬的钢筋和混凝土；而人，才是最核心的组成元素。大桥因为与人的生活日久融洽而得到新生。这是一座看得到的桥，却是一个看不到的城市。

57, between Tortoise Mountain and Snake Mountain, the first bridge was build across the Yangtze River, h first combines the separated three parts of Wuhan city. It is the dream which comes true that "Natural s become thoroughfare".

In 2007, the life of the Wuhan Bridge arrives at its mid-point. The beauty of the Bridge has become the symbol of Wuhan. The impression Wuhan leaves to people is concentrated to this bridge.

In 2057, bridge is a part of the city, while city is a container of people's lives. A bridge should not only consist of frigid steel and concrete, while people are the key component of a bridge. The Wuhan Bridge will revitalize again because it gets merged with people's lives. It is a visible bridge, but an invisible city on river.

看得见的桥 看不见的城 / Visible Bridge and Invisible City

桥城意向 / image of bridge city

桥头堡 / bridge tower　流水地带 / waterfront area　桥墩联系地带 / area between piers　桥墩码头和观景平台 / pier and lookout on pier　中心绿岛 / central green island　绿岛平面 / plan of green island

评委评语

这是一个前卫的概念设计作品，作品一反常态并没有着重刻画未来的桥或城将会是什么样子，而是重点描绘了真正意义上的桥城应该是由人来组成的。并通过大量的虚拟场景深刻地阐释了这个观点，可谓构思巧妙。通过拆桥，大胆的处理，以及行为化的场景，作者为我们留下了一个可以自由想象的空间。或许这样的处理方式并不合理，但绝对有存在的理由和价值。作品试图探讨的层面已经超越一般的物质实体，具有意识流的特征。从这个意义上说，具有前卫的开拓性和思想性。

桥城 Bridge City

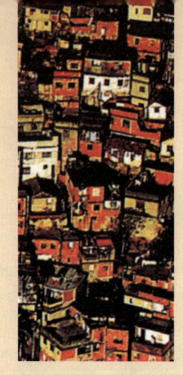

创意交流奖
The Communicative prize

交流奖 THE BRIDGE CITY

设计理念 Concept

作品名称：THE BRIDGE CITY
设计成员：黄中汉
　　　　　林　恬
学　　校：深圳大学

原有的街道系统已经不能满足现有的交通需求，出现道路堵塞、人车混流问题严重。我们结合武汉当地特点，试图探索一种将"桥"这个系统与建筑结合的方式，将人的行为由地面系统抬升至空中的桥面，而机动车辆则在原来的地面行驶。空中相互交错的桥形成新的道路网系统，人们可以通过桥便利、安全地进入各个建筑物；而桥面的绿化系统可隔离地面的噪声及尾气污染，绿化系统在桥面上同时形成各种形式的休闲空间。在桥形成的道路网上我们因地制宜地设置服务中心，地面上则建议多设置交通枢纽用以缓解交通压力。

对于建筑物，我们延续桥的设计理念。一个建筑物至少存在2~3个空中连接，它们处于建筑的不同高度和不同方向。建筑内部则通过一个连续的折板，从建筑的底部一直延续到顶部。折板转折处则形成这些空中接口，提供人行入口、空中轻轨等等。人们从各个方向进入建筑物，通过折板到达建筑的各个部分。或者借助建筑的枢纽功能转到另一个空中出入口，进入新的桥网系统。

the bridge city

Location and Instruction

The building will be located mainly in the commercial zone, which starts from the merchant bank mansion in the construction road to the Shangri-la hotel, of the Hankou commercial block.
基地选在汉口的商业街区，主要从建设大道的招商大厦到香格里拉大酒店这些商业片区。

It is very common to see different kinds of vehicle running in the same route and human and vehicle sharing the same road in the Wuhan city, which heavily influence the efficiency of the city and the safety of human.
武汉的城市交通存在人车混流和机非混杂现象，影响城市效率，人的安全也不尽理想。

Process of Concept

用桥把建筑跟建筑联系起来，桥成为人的通行路径，并且在建筑内设置中转站。桥的系统自然成为城市的二层空间
路面主要通行车辆
水上的桥可与地面和二层空间连接

system for human to walk across, which will form a second space for the city as a clean, fast and comfortable "bridge net".
结合当地特点，我们提倡把人的流线从地面上升到空中，提供给人步行系统，形成城市的第二层空间，干净、快速、舒适的"桥网"。

Plan

In the highly developed commercial zone which consider efficiency as a key factor, the bridge will be the new traffic network, in the same time, the high rise building become the network system's node as the human's destination or process
在讲究效率的高层林立的商业区，桥成为新的交通网络，而高层建筑成为这个网络系统的节点，成为人们的目的地或过程。

We used the consrcutive floors to connect the bridges, and as a feature of birdge.
建筑单体延续桥的特性，运用连续的板与桥结合成为一体。

Section 1:375

Elevation 1:800

The building offers entrances in different height and different directions.
建筑在不同高度，不同方向上提供入口。

评委评语

从最熟悉的生活环境出发，作者将城市设计与建筑设计结合起来，为我们描绘了一个丰富的空间体验，并为市民提供了具有安全、高效、便利的多样性步行空间。多层级折叠空间目前是一个比较新的研究方向，我们能从这个作品中找到其中的影子，对今后的相关研究具有一定的借鉴意义。

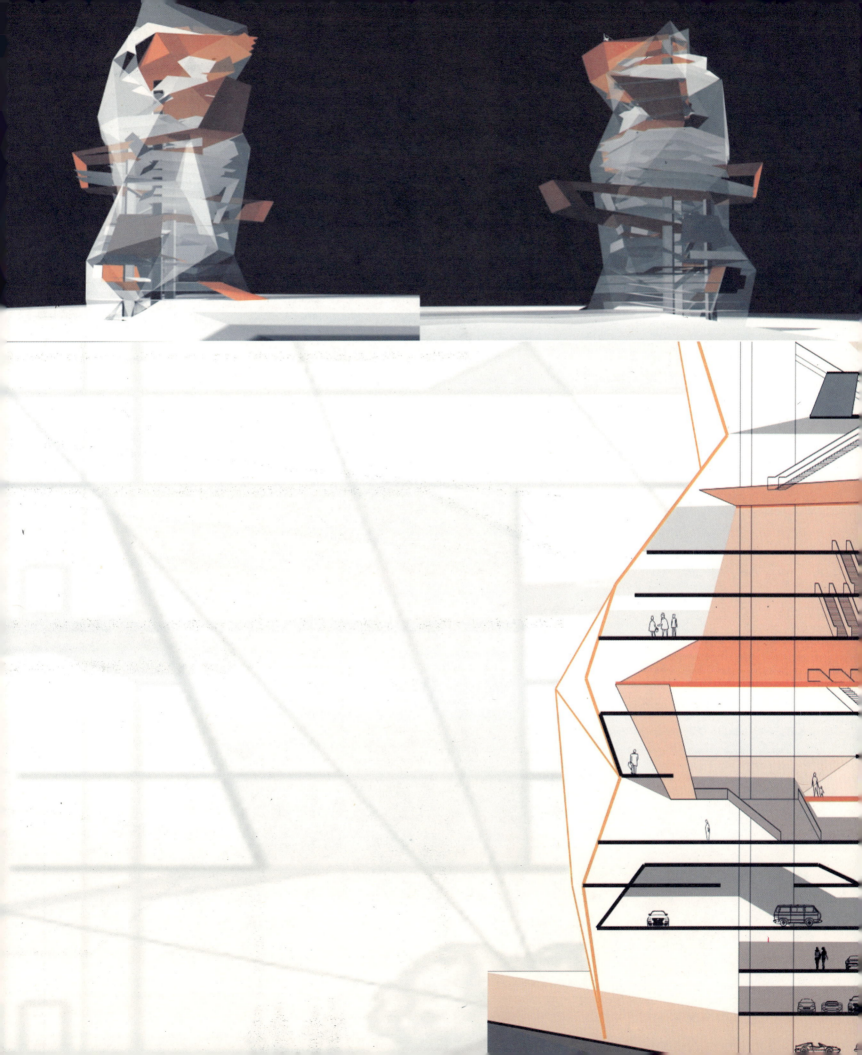

交流奖　BRIDGE CITY

设计理念 Concept

从城市的立体层面考量桥，那么它立刻从一维的线性空间转变成一个有可能向三维层面发展的更为开放的空间。桥--建筑--城市性的建筑的转化将是发生在河流上的戏剧性的大事。我们试图解决的是关于空间和时间的问题。我们想要关注的是：桥的功能特质与新的建筑化的功能的配合与协调；交通与新的功能结合后的新功能体的城市性。

我们选择了居住空间来讲故事，作为解决城市高密度问题的一个探索。效率的问题被关注。新的居住空间将体现工业化的快速高效的问题。

我们在城市规划课程中的住宅区调研中认识到居住密度、居住形态和居住质量的问题，我们都认为也许把住宅区放在水面上会解决居住密度过高的问题，同时提高居住的质量。

人类是亲水的动物，他们喜欢在水边生活，这也是建筑师喜欢在居住区里面设置水景的原因，有水的地方总是能吸引大量人流。我们认为合理地利用江景会很高效地提高生活质量。至于我们的桥，我们用构成的手法来探讨居住密度的问题，每个盒子都是一个居住空间，把每个居住空间作为单元来组合拼贴，当然前提是为每个盒子争取到更好的取景和采光。构成的结果是每个居住单元之间产生了三维的关系，这个关系我们在虚拟模型中已经进行了表达，这种交流就不是传统意义上的比邻而居，而是一种三维的交流关系。同时构成的结果产生了一些空的空间，这也许是建筑师的机会，我们可以在里面种植一些绿色植物把它们作成庭院，让交流空间更有吸引力。

现代人总是很有主见，我们定义的居住空间不是传统意义上的大家拥有同一个外立面，然后在里面进行装修，这也许还不够。我们可以提供人们己设定外立面材料的机会，塑造个性空间。当然处于对城市的立面的考虑，这种材料会被限制在几种范围内。对于一个全长1800米左右的桥，它可以被定义为一个城市。除了居住单元和它们之间的半私有空间，公共空间的设置也很有意义，我们在模型中假想了这种形态，把公共空间放大4倍，成为一个大盒子出现在桥梁的网格中，相对于居住空间，我们认为它应该是比较虚的体块，来强调它的公共性。它每隔一定距离出现，它的设置也完全人性化，几户人觉得在某处可以出现个公共活动场所，就可以向厂家预定构件，直接搭建在桥梁的网格上。同时要顾虑的前提是，不影响楼下人家的采光和正常交通。我们考虑到了这种形式的桥梁有可能带来的致命性的问题：交通核的噪声在一个接近半封闭的管道中可能会多次反射，影响居住质量。我们翻阅了一些资料：我们构成的结果，各个盒子之间没有直接相连，同时不规则的结构也许并不利于噪声的长时间停留。但是为了提高居住质量，在盒子的外墙结构中，防噪是很重要的构造环节。在路面的下面两格结构中，因为它们亲水，我们把它们设定成了餐厅等等比较需要良好取景的功能区块。在餐厅当中是一部分没有直接采光的区域，将来设置成为车库和超市等等不需要采光的功能。在路面以上和以下的网格直接设置垂直交通联系两部分的人流和车流。

网格的形式也许是解决问题的很好形式，交通和交流空间定义为虚的空间，把居住、车库等定义为实体空间，虚实相间，也许是不破坏江面形态的一种方式。

作品名称：BRIDGE CITY
设计成员：徐歆彦
　　　　　薛　君
　　　　　黎佳琦
学　　校：同济大学

RIDGE CITY in_between

的立体布面高架桥。那么它立刻从一维的线性空间转变成一个有可能非三维层面发展的来为并新的空间。桥—建筑—城市性的建筑的转在评道上的戏剧性的夸张。我们试图解决的是关 **空间和时间** 的问题。我们相要关注的是，桥的功能特殊与前的硬化的功能的配
交通与新的功能结合后的新功能体的城市住
提了居住空间讲故事。作为帮解决城市**高密度**问题的一个探索。做车的问题被关注，新的居住空间保留工业化的快捷高效的问题
词：空间网架，填充，拼贴，便捷，交流，生长，更替，可持续。

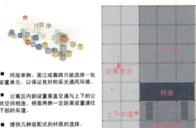

- 同层单侧，面江或靠路只能选择一处安置单元，以保证良好的采光通风环境。
- 公寓区内部设置垂直交通与上下的公共空间相连，桥面两侧一定距离设置通往下部的车道。
- 提供几种装配式的材质的选择。

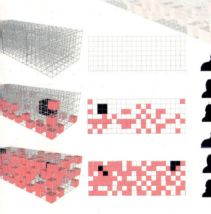

- 位置可以在整栋桥上选择嘛，我要选离超级市场近的离岸边近的，方便。
- 交通和停车都很方便，我无所谓啦，不过可以远远点江面就够了，不要爬楼梯。
- 我们三个一起选吧，两个靠江的在上面，一个靠路的在下面。围个临江的院子出来，有意思。
- 材料可以自选嘛，那我要那木板的，温暖的感觉。
- 压型钢板也不错嘛，钢板也可以。
- 我要玻璃啊，组装都一样方便的吧。

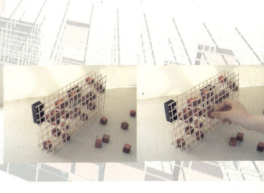

评委评语

此作品用了一个非常简单实用的办法试图解决城市居住社区多样性的问题，并通过这个侧面，反映其他相关的城市问题。图面的表达简洁明了，很清晰地反映了作者的思考和意图，让人一目了然，体现了作者对图示语言强有力的驾驭能力。同时，可灵活组合变化的社区单元为不同的人群提供了丰富的可选择性。

桥城 Bridge City

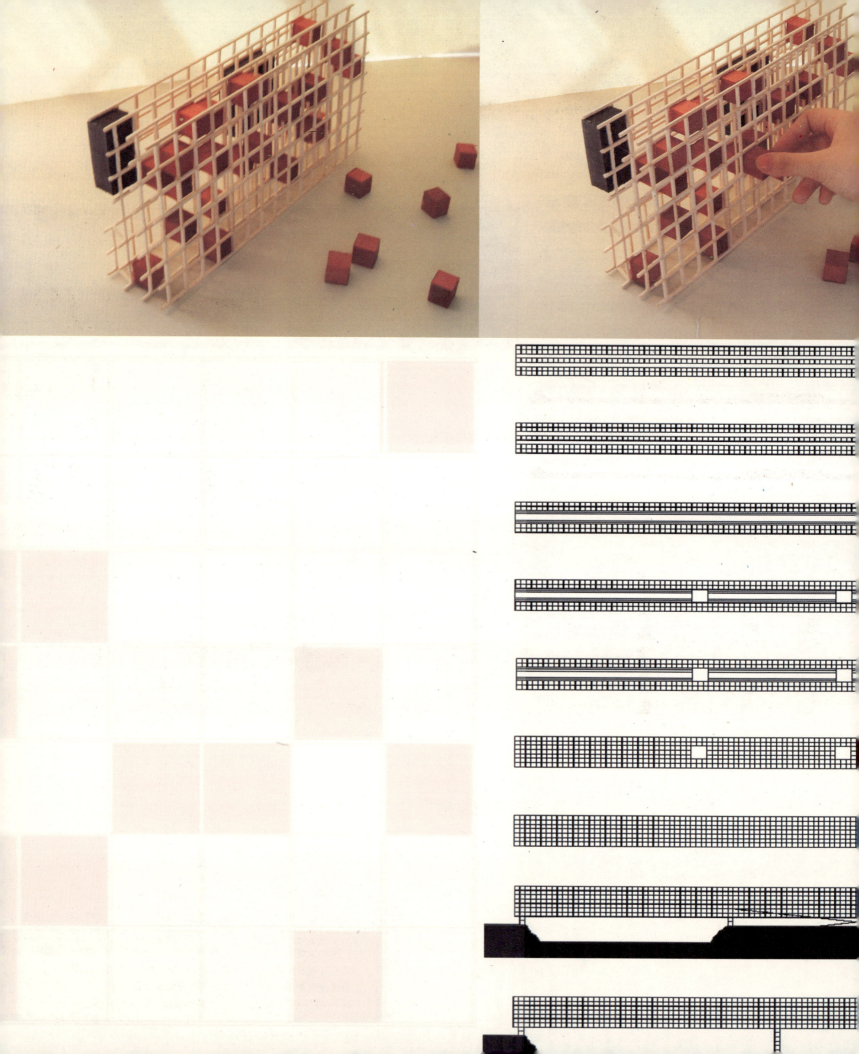

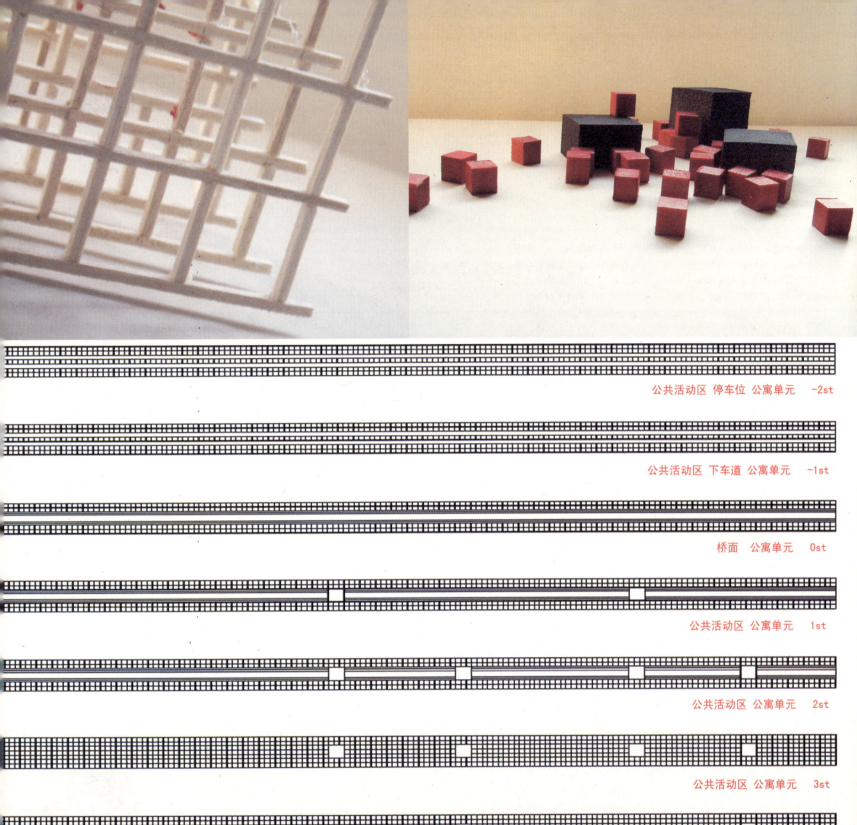

交流奖 THE GREEN BRIDGE OF A LIVING TORMORROW

设计理念 Concept

设计背景：这是一个关于桥的设计，同样也是一个关于建筑的设计。在我的理解中，大桥是一种交通的延伸，一种跨越江、河和峡谷的道路，可以说大桥就是交通路网中一个特殊的部分、一个特殊的构造。虽然桥有着相似的性质，但是在不同的场景下却有着不同的功能，因此也派生出很多不同的形式。在江、河上的桥是最具代表性的，它们非常纯粹、非常雄伟，往往成为一个城市甚至是一个国家的象征。这次的设计的背景正是一座大桥跨越江河的城市——武汉。大桥作为交通空间功能分已经被体现得非常明确，而大桥作为一个巨大的城市构筑物应该承载更多的空间功能，得到更加综合的利用。

提出问题：越来越多的黑色马路和立交桥占据了城市的大街小巷时，我们不得不承认，城市已经被钢筋水泥包围了。绿色正在离我们远去，路边的环境也不能提供一个舒适的步行空间。城市中的立交桥、过江大桥主要是为机动车服务的，步行穿越越来越困难。同时，桥下存在大量公共空间，却成为无用的灰色角落。思考桥和城的关系的时候，发现桥可以承担更多的城市的功能和空间需求。能否将公共空间设计的概念引入到桥城设计中，桥城中的建筑或者说建筑中的大桥究竟是一种怎样的组合方式，如何提供一个新型的并且是可用的城市空间……

设计策略：桥城本身是一个开放式的概念，它的答案可以是多种多样的。我希望能够通过设计回答这些问题，同时在设计部和可实施性上有所创新，为我们的桥城理想贡献自己的思维。在整个设计中需要涉及以下五点设计原则：
1. 总建筑面积要用相等面积的绿色植被补偿。
2. 主要建筑材料使用环保材料和可以循环利用的材料。
3. 住宅下设置有公交站点，提供公共交通。
4. 利用水利发电技术使构筑物能自我供电并取得循环用水。
5. 电子化的信息获取方式，最大限度地减少垃圾的产生。

这五个原则从人和环境出发，对建筑和构筑方式提出了设计概念。为了支持这样的设计概念，我需要一种新的空间划分形式，将平面铺展的各个元素按照立体的形式重新结合。在空间上并列的那些车道，人行道和绿化空间以及居民住宅，全部集中进行竖向布置，最大限度地满足了空间使用，同时也创造了一种新的生活方式。在公共空间的营造上，也提出了一种新的思路。将步行道路和购物空间架设在坚固的机动车交通道路之上，这样人们就可以自由选择步行或是公共交通。环境也得到了非常明显的改善，绿化面积变得更多，更贴近人们的生活。在居住内部的形式上面也应用了桥式的概念，把一个一个的住户房间变成一个一个用空间桥梁联系的小岛，当然这只是对住户户型的一种概念想象。如果需要将小岛的面积扩大的时候，只需要将那些可以变动的墙体移动一下位置就可以了，这个时候两个或者更多的小岛就会变成一个大岛。同时考虑到了一些材料上的运用，以更加贴合设计功能的需要。

我希望通过这个不很成熟的概念设计，表达我对城市、大桥、环境和生活的理解。希望我们的江城能转变成一座美丽的桥城！

作品名称：
THE GREEN BRIDGE OF A LIVING TORMORROW
设计成员：陈 通
学　　校：武汉大学

THE GREEN BRIDGE OF A LIVING TOMORROW

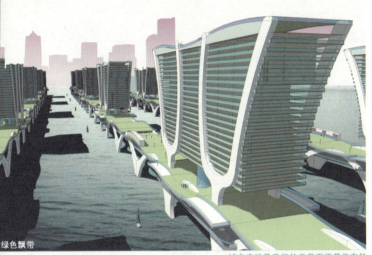

如果说江城是大自然对我们的恩惠，那么桥城则是我们勇于创造历史的气魄。

如果我们今天的一切都是是前人美梦的终结，那么我们应该把最美的梦留给我们的后来者。并激励他们为梦想而创造未来……

今天，环境问题已经越来越紧迫地摆在了我们的面前。而50年后的桥城更加不应该是一座座新的水泥森林。生态，环保，节能化的绿桥概念由此诞生。

绿桥五点：
1. 人工建筑面积要用相等面积的绿色植物补偿。
2. 主要建筑材料使用环保或可循环利用的材料。
3. 建筑下设置公交站点，提倡公共交通。
4. 利用技术设备使建筑能获得电和循环水。
5. 电子化的信息获取方式，最大限度减少垃圾。

今天的地球已经在人类无节制的索取下变得萎靡枯竭，而且它也越来越焦燥不安。而人类进步的步伐不可能就此停歇下来。因此需要我们站在一个新的角度去思考城市建设中的种种问题。让人们在享受快捷和伟大的同时保护我们唯一的家园。

我提出的桥城方案将对传统的人，车，房平面布置的革命。我将城市中这三个最主要的主体以垂直分布的方式重新搭建。

绿桥将像一棵大树一样建立在大型的江桥和立交桥之上，形成居住，消费和交通，环境净化的新城市综合体。

1957　　　　　　　2007　　　　　　　2057

1957年中国第一座长江大桥在武汉通车。2007年武汉已经拥有了10座桥。那么再过50年，武汉会有多少座桥呢？ 50？ 80？ 100？ 武汉将成为中国首个桥城！

当我们有了这么多桥的时候，我们也许就能将建筑和桥梁联系起来形成一种新的生态构筑物，我叫它绿桥。

城市应该是我们的天堂而不是汽车的

绿色飘带

绿桥单元　鸟瞰图

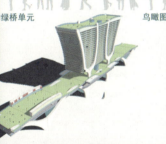

剖面图

1. 桥城上的青年公寓　2. 垂直交通
3. 绿色步行街　　　　4. 商业购物
5. 下层车道

标准层平面图

1. 独立居住单元　2. 公共活动区域
3. 交通核心筒　　4. 开敞桥街

机动交通层和步行层的转换平台和公交站点

屋顶绿地

的共生体　主立面图　人.车.居住的立体分隔　次立面图

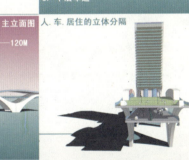

120M

 耐腐蚀木地板　 合成竹围墙

合成木家具　　　可循环利用户外家具

绿桥上的公寓
=
居住
+
公共休闲和工作
+
运动
+
购物
+
N

如同生物体的生长与合并一样
建筑也同样可以发生惊人的变化
两个小的单元在墙体变化后成为一个大的组合单元

评委评语

环境问题是当代城市面临的巨大危机，如何综合解决这个问题是每个人都应该关注的，作者通过引入绿色生态的概念，在江面上建立了一个巨大的生活社区，这是一个令人鼓舞的宏伟计划。利用大树、树叶等理念，将复杂的公共空间与居住空间进行了合理布置，并为武汉创造出全新的城市景观。

交流奖　桥链

设计理念 Concept

作品名称：桥链
设计成员：郝　杰
　　　　　王　鹏
学　　校：哈尔滨工业大学

　　一方水土养一方人，武汉正是在长江的养育下成长起来的。游走在武汉的城市中随处可以感受灵山与秀水的完美结合，站在长江大桥的桥头看滚滚江水向东流的气魄，在东湖边上感受水天相映的清灵。中国的快速发展让世人有目共睹，然而环境的质量却没有跟上发展的步伐。

　　在汉水或者是长江的边上，时常看到一些杂乱的景象，丛生的野草，零落破旧的屋棚……而城市的膨胀让人们对开放空间的需求愈加迫切，我们希望能够就汉江的一个区段进行一个设想，让它发挥更大的价值。桥，恰恰提供这种可能，它可以与江岸一起承担起此重任。汉江，一个适合步行尺度的江面，却缺乏步行的桥面。我们想创造一种让人亲近的滨江环境，让人们能够更多地与代表自然的江面亲密接触。

　　桥之于城市，好似茎干之于植物，从一端吸收养分以滋养另一端的生长。在桥链中，步行桥不与环江路相连。故可采用独立竖向小塔代替引桥，亦可充当带状空间节点之用。每一临江的街道路口，都可以成为这个链中的一节，沿江的桥与节点也将成为江城的一道独特的风景线。而节点之间亦可相连，一个多维度的网络也即此形成。更重要的是这种网络的可拓展型，能够生长到江城的每一个角落，让城市与江水，与自然一起发展。

评委评语

设计是从如何为城市营造一个舒适宜人的步行环境系统着手的，运用了多维度多层级的处理手法，从江岸、江面入手，通过点线面不同形态的步行空间合理组织成为一个联系全城的绿色生态网络，深入到城市内部。桥中有城，城中有桥，作者为我们畅想了一个浪漫的江城景色。

BRIDGE LINK 桥链
链接城市与自然风景——江城步行桥系统

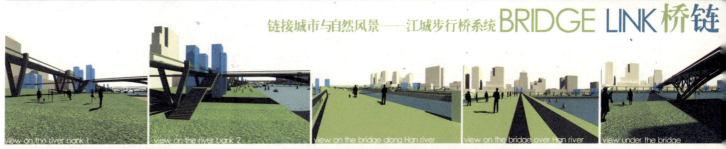

滔滔江水
流淌千年
龟蛇之间
三镇鼎立
分隔两岸
以桥链之
相望三地
以桥链之
茫茫人海   Turbulent River flows
以桥链之   Separates towns for generations
悠悠岁月   Bridges are building
以桥链之   Stretches for transportations
链之不绝   Bridges are building
绵延反复   Stretches for communications
桥城在望   Towns connect with each other
桥链友之   Bridges maintain good relations

Bridge, should presents a state of growing, as the stem of plant that absorbs nutrient from oneside and nourish the other side, provides the chance to the expanding city, to appease people's hard-appeasable thirst for more wide open space.

As the Foot Bridge disconnects with Huangjiang road, therefor, it can be taken place by an independent vertical turrit, which can also be served as a strip space node. Nodes' interconnection founds a web of multydimension-bridge. Web extends, the bridge streches, and the city expands.

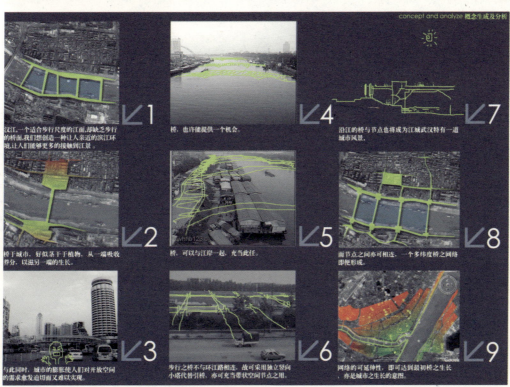

concept and analyze 概念生成及分析

imagination in 2057

网络的可延伸性,即可达到最初桥之生长,亦是城市之生长的意图。

桥于城市,好似茎干于植物,从一端吸收养分,以滋另一端的生长。

汉江,一个适合步行尺度的江面,却缺乏步行的桥面,我们想创造一种让人亲近的滨江环境,让人们能够更多地接触到江景。

imagination in 2057

交流奖　　桥上城 城中桥

设计理念 Concept

作品名称：桥上城 城中桥
设计成员：童　群
　　　　　朱文君
学　　校：武汉大学

　　桥位于长江与汉水的交汇处，顺应交汇的漩涡成螺旋上升的趋势拔江而起。长江与汉江交汇正是武汉的地理特色，在此地立一地标，可象征武汉冉冉上升的趋势。设计打破传统桥的概念，将其本质外延至广泛的联系，而不局限于交通联系。桥中央的核心筒可作居住、办公、商务等多种用途，可谓"桥上城"。同时，桥联接三镇，将桥的理念延伸至城市之中，并非水上才有桥。有联系，跨越皆可为桥，可谓"城中桥"。桥上有城，城中有桥，方为桥城！

　　1.桥城融合：随着技术进步，时代发展，桥的概念正在发生变化。过去的桥主要是体现交通功能，使车辆能够往来。现在，我们拿掉功能的外衣，将桥的概念外延，我们看到桥的本质是联系。可以是车辆间的交通联系，亦可是人与人之间的联系，甚至是信息流间的联系。这样桥的概念便可打破水的局限，向城市中延伸，以达到真正的桥城融合。

　　2.桥改变城：在没有长江大桥之前，武汉是一座不完整的城市。武汉由于独特的地理位置，被长江和汉水分为三镇。江南是武昌，江北为汉口，各有各的纵深，各有各的供给。桥没有出现前，三镇缺乏联系，发展较为独立，而武汉这样的称谓也不过是个泛地理概念而已。1957年，长江大桥使三镇互通，才让概念中的武汉形成真正意义的武汉。作为城市的武汉，将出现越来越多的二桥、三桥、四桥、五桥。

　　桥的出现，让城市的地理劫难真实地化解为一种可爱的时运。当桥不仅仅限于交通的联系后，桥对城市的改变将更深刻。

2 | 入选作品
Selected Works

作品名称:桥城
设计成员:王芊芊
　　　　钟　靖
学　校:武汉大学

未来城市之思考 **桥城 2007 WUHAN**

BRIDGE CITY

水上的桥,陆上的桥,交通上的便利并未使交流得益。这样的联系是连接还是割裂？桥成就了武汉三镇今日的繁华,高楼大厦的不断出现让江岸边原本空阔的天际线变得逐渐拥挤,却忘了给人们留一方交流的空间。长江汉水的两岸已容不下高楼们日新月异的展示,而桥,将通向何方？

前秦期	发展期	形成期	完善期	现状
租界和武昌商埠建设期 (1861–1905)	武汉局部地区的建设规划期 (1905–1923)	汉口及武汉总体建设规划期 (1923–1945)	武汉总体规划及区域规划期 (1945–1949)	

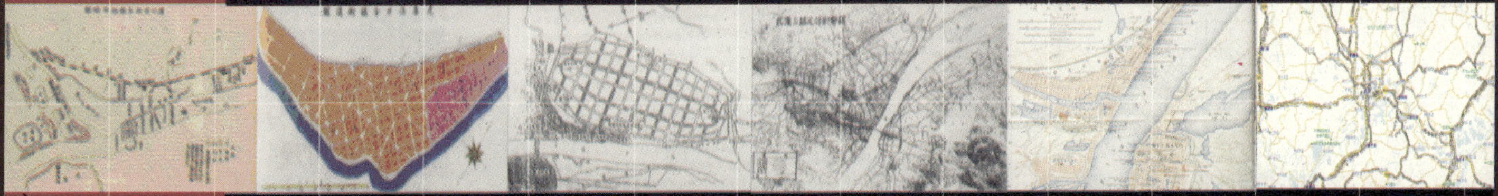

1900　　1930　　1980　　2000　　2010　　2020

THE LEGEND OF FUTURE CITY

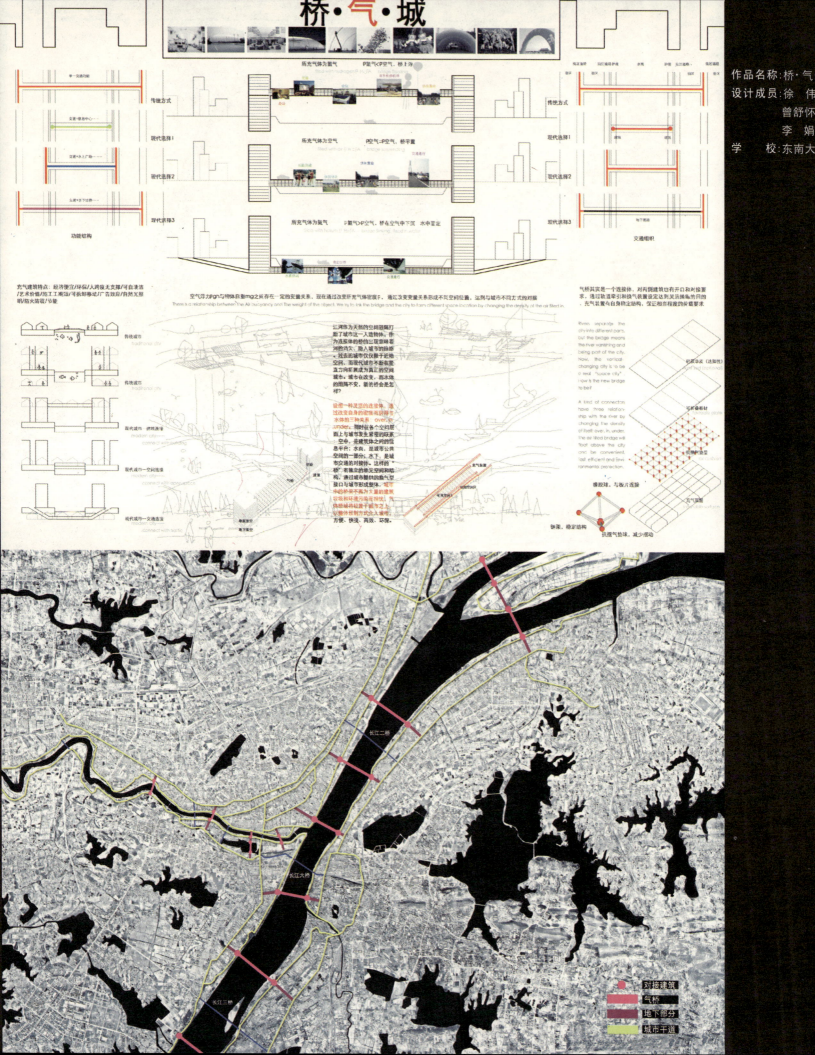

OffstreetOases "桥城"模式在现代都市功能布局中的探索

大桥下 → 小桥上

"每当我想念桥的时候，我就推开窗……"

作品名称：大桥下 小桥上
设计成员：杨 宏
　　　　　谭 啸
　　　　　郎宇茜
学　校：天津大学

我们，离大桥到底有多远

林立的高楼　拥堵的街道　密集的办公　昏暗的光线　污浊的空气

方案选取了武汉中心区，进行Offstreetoases的可行性研究，并尝试普遍应用于现代都市。

一般城市模式 → "桥城"模式 → "桥城"模式在现代城市中的应用

"桥城"的魅力，不应肤浅地理解为拥有几座过江大桥。它真正的美妙之处就在于"江"与"桥"在三镇之间的分隔与连接。没有江，城市是枯燥的；没有桥，城市是闭塞的。正是"江"和"桥"，在城市的中心形成了一片可以通行的绿洲。这里，你匆匆赶路可，驻足远眺亦佳，或是到大桥下的江滩漫步。

由此我们联想到了现代都市——林立的高楼、拥堵的街道、匆匆的人们……在冰冷的城市空间中找寻临时的绿洲，是城市规划者的义务。我们引入"Offstreetoases"的概念，即在城市中心密集空间中找寻高层办公建筑的间隙，建造两至三层的桥状休闲综合体，与固有街道连通，一层用于停车与便利服务，屋顶为绿化广场。让疲倦的人可以从繁忙的街道、压抑的办公楼随时进出。

高层建筑
Offstreetoases
绿化

LONG RIVER

现状路网　现状高层建筑
高层建筑影响区　高层建筑集中组团
Offstreetoases功能辐射区　道路体系

立面示意

街道入口示意

单入口流线分析　双入口流线分析

机动车流
步行人流
城市建筑
组团绿地
路长

Offstreetoases建筑群和街道形成了共存体系，单体向外以山谷绿洲形式辐射周边区域。

Offstreetoases Offstreetoases Offstreetoases Offstreetoases Offstreetoases Offstreetoases

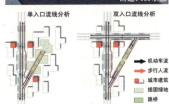

群体示意

夜演　购物　进餐　咖啡　会议　旅游
洽谈　上网　运动　休息　节日　便利

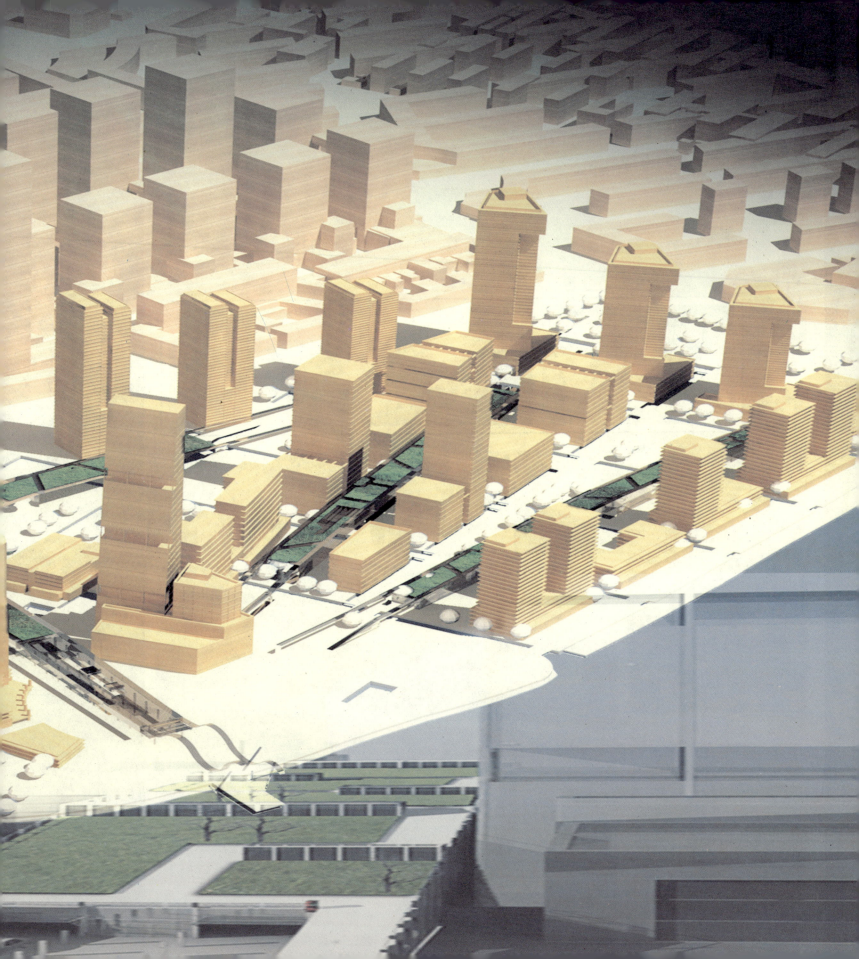

BRIDGE CITY
The First Session of Student Competition of Urban Design

作品名称：城市中跳跃的音符
设计成员：龙子杰
　　　　　刘　畅
　　　　　卢晓锋
学　　校：中山大学

城市中跳跃的音符

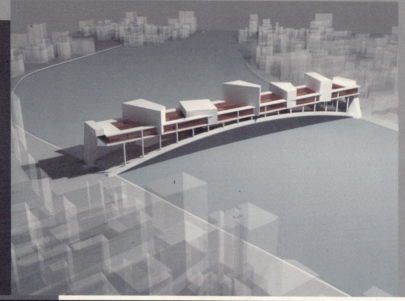

千百年来，人们一直在寻找理想的生存空间。从森林到平原，从高山到河谷，乡村到城市……历史上没有一个时期像今天这样，人们生活在如此丰富的空间，能够如此自由地创造空间。

 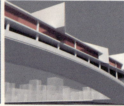  

桥城，城中有桥，桥中有城。我们试图在这个有限的空间里，创造一种无限的文化和生活空间；去平衡城市的嘈杂，去化解城市的单调，去稀释人们的烦躁，去诗意生活的无味。城市、江、桥、人融为一体，幻化为跳跃的五彩音符。

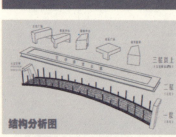
结构分析图

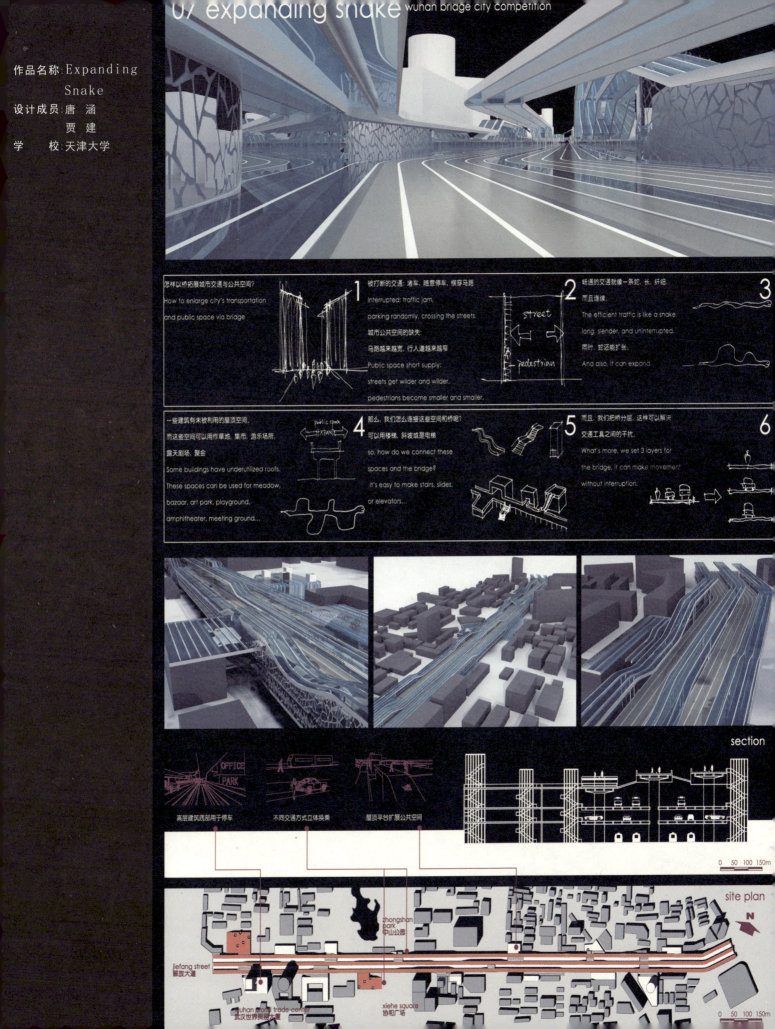

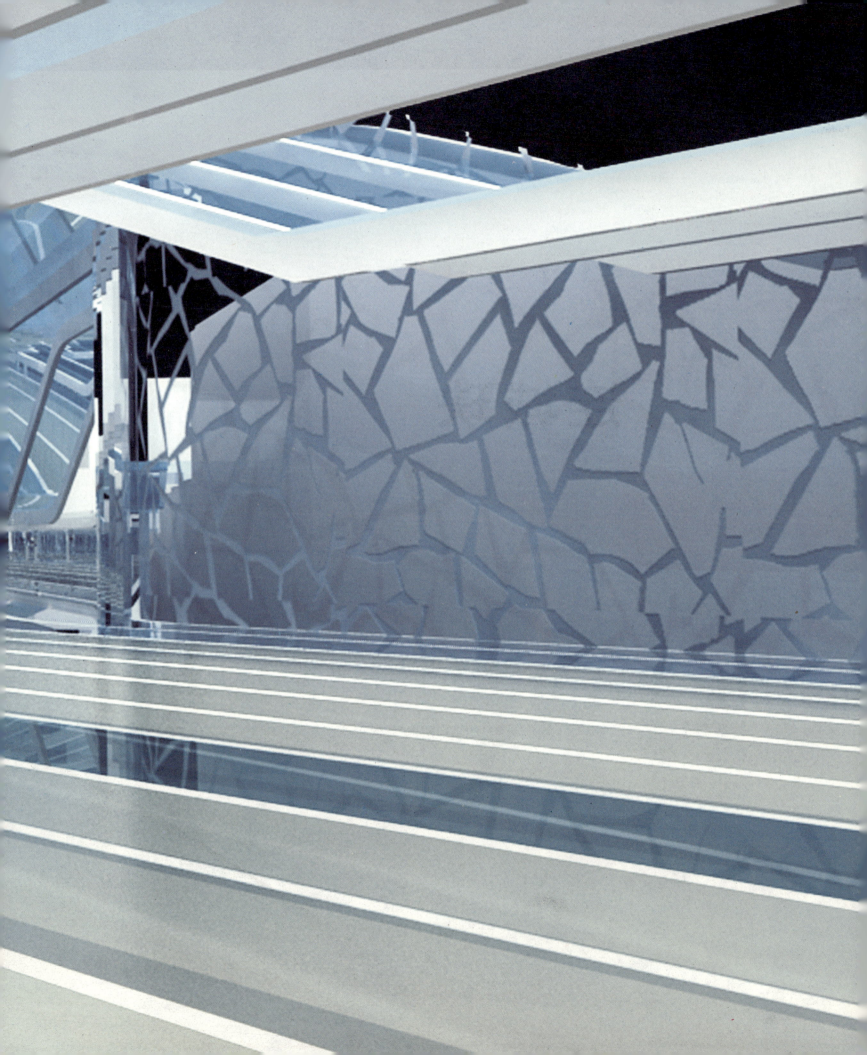

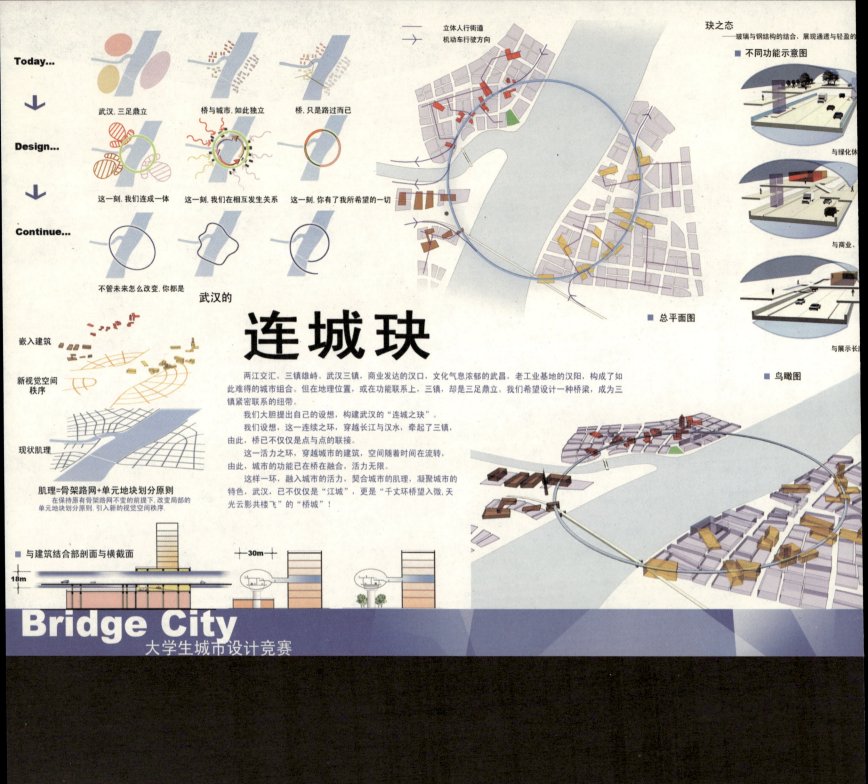

未來future　可能性possibility　邏輯logic　疆域domain
電影movie　欲望desire　進化evolution　人類humanity　城市city

CROSS................................

第一屆世界大學生城市設計競賽-橋城

娛樂Amusements　購物Shopping　聚會HaveParty　表演Exhibition
Official Business 學習

作品名稱:橋城
設計成員:余定軍
學　　校:四川大學

BRIDGE CITY DESIGN

作品名称:桥·气·城
设计成员:刘　鸿
　　　　　刘婷婷
学　　校:天津大学

桥上桥 桥中街

经过对武汉市资料的查找，我们发现武汉市内用地紧张且缺少步行街。作为一个与水非常亲密的城市，我们在它的水面上架设步行桥系统，在桥旁或桥上放了一些5mx5mx3m的盒子。桥既是交通也是结构承重体系，供人们休息娱乐，并设计了一些旅馆满足外地游客对桥和水面的好奇。天空中的桥梁，同时对于通行的船只也形成了无形的街道。

Through the investigations for the data of Wuhan,we found the space there is very limited and lack walking streets for people.As a city which is very close to water ,we bulid a walking bridge system above the Adam's ale.And we put some boxes with the size of 5MX5MX3M on the bridges or besides them.Bridges ont only play the role of transportation and structural bearing systems,but also can afford some space for entertainment and rest.We also design some inns on there for the traveller's curious to the bridges and Adam's ale.The bridge on the air has become streets to sailes which are

traffic analyse　交通分析图

inn 旅馆
交通 traffic
公共空间 commonality
商业 commercial

● 基地位于武汉市汉江上的月湖桥与江汉桥之间。沿江总长度约为1.7公里。
The base is located between Yuehu bridge and Jianghan bridge in Wuhan .the length along the river is about 1.7km.

● 充分利用河面上桥与桥之间的空间，建立起桥与桥之间的连接。用商业街，旅馆，餐厅等若干小空间将原有的桥联系起来，这些连续的小空间又形成具有综合功能的新桥。
Make a good use the space between the bridges.Using small space like commerical steets,inns and restaurants to connect with the primary bridges.These small continous space can form a new bridge with synthesis functions.

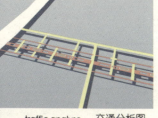
function analyse　功能分析图

旅馆部分各层平面图
plan of inns

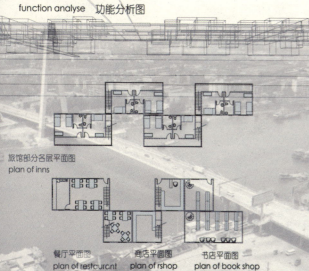

餐厅平面图　　酒店平面图　　书店平面图
plan of restaurant　plan of rshop　plan of book shop

商业街部分平面图
plan of commerical street

立面图
elevation

先在靠近较繁华地区的江的北侧拟建首期工程，也可在南岸建设与之对称。
We can build the prophase project in the north of the river.And we also can bulid them in the south of the river.The sailes can passing between the two new bridges.

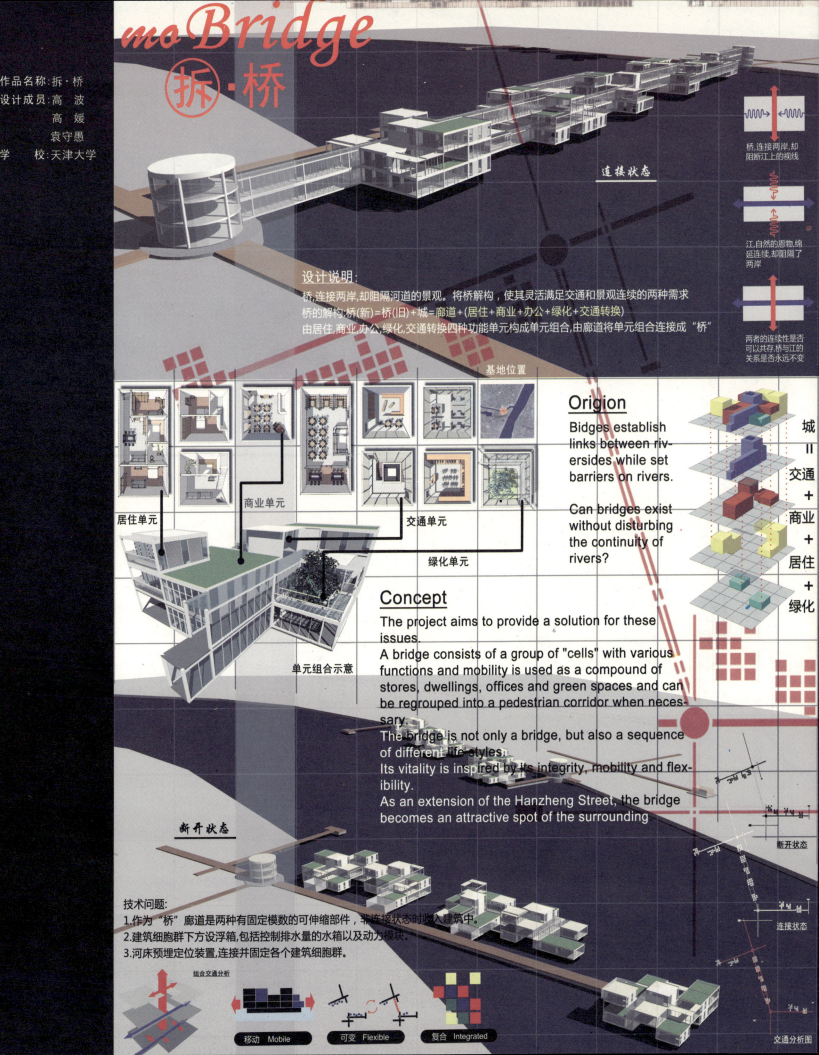

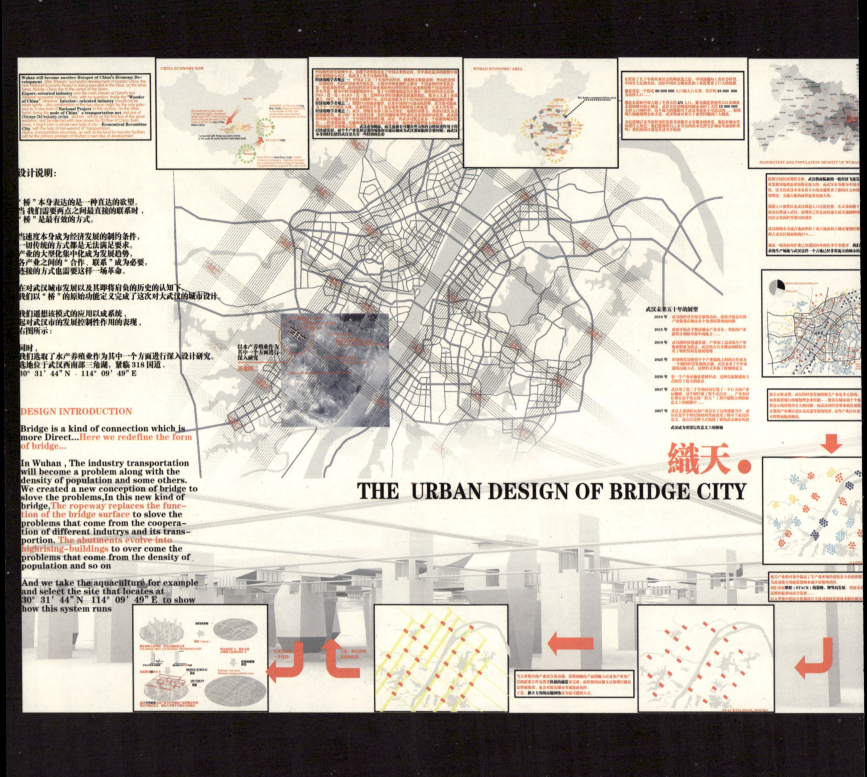

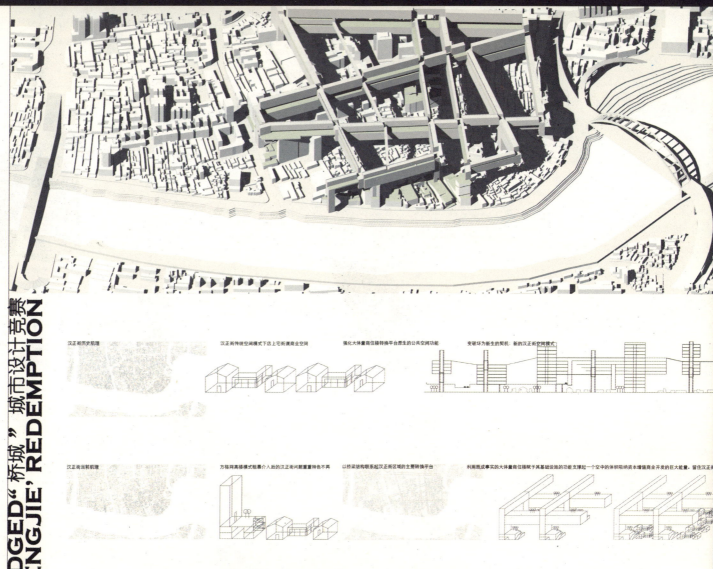

UNABRIDGED "桥城" 城市设计竞赛
'ANZHENGJIE' REDEMPTION

作品名称：桥城
设计成员：刘慧杰
　　　　　钟思斯
学　　校：南京大学

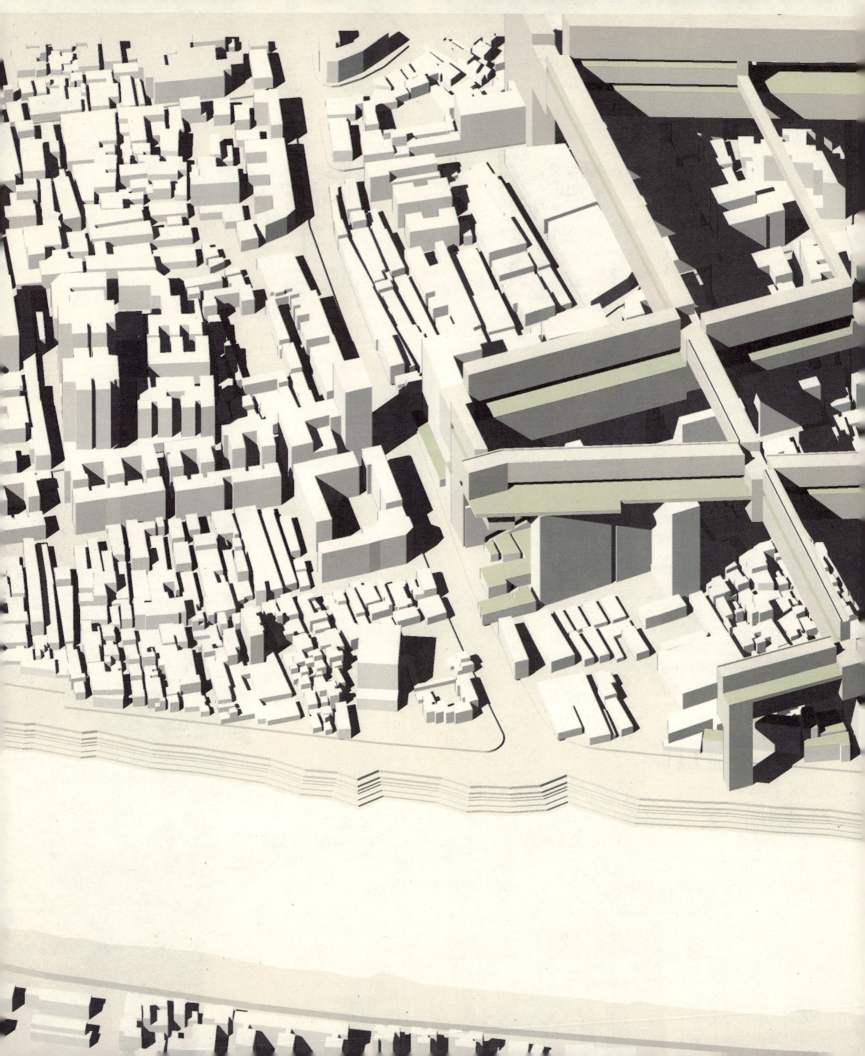

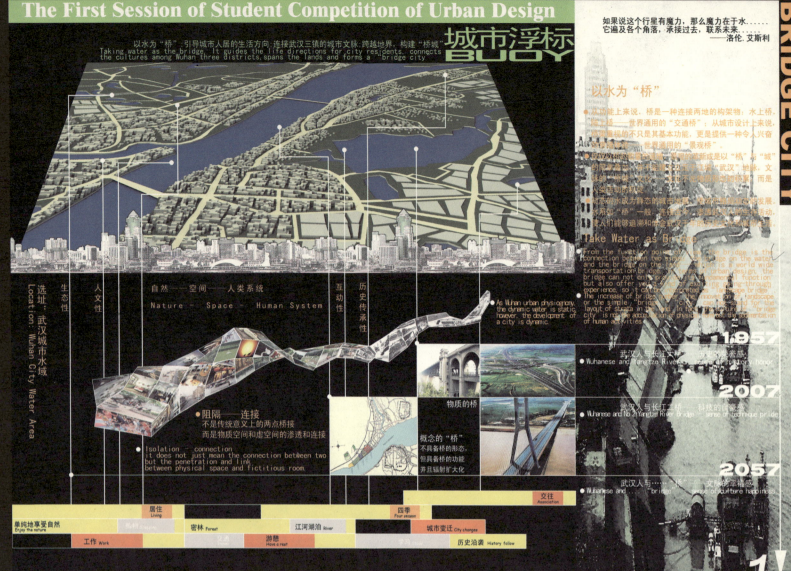

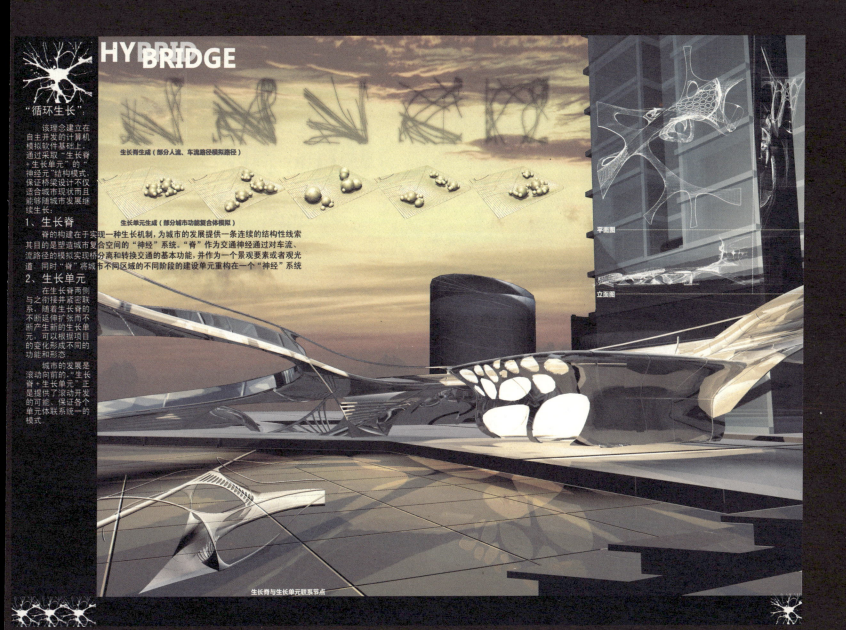

作品名称：HY BRIDGE
设计成员：李眸国
　　　　　孟凡理
学　　校：清华大学

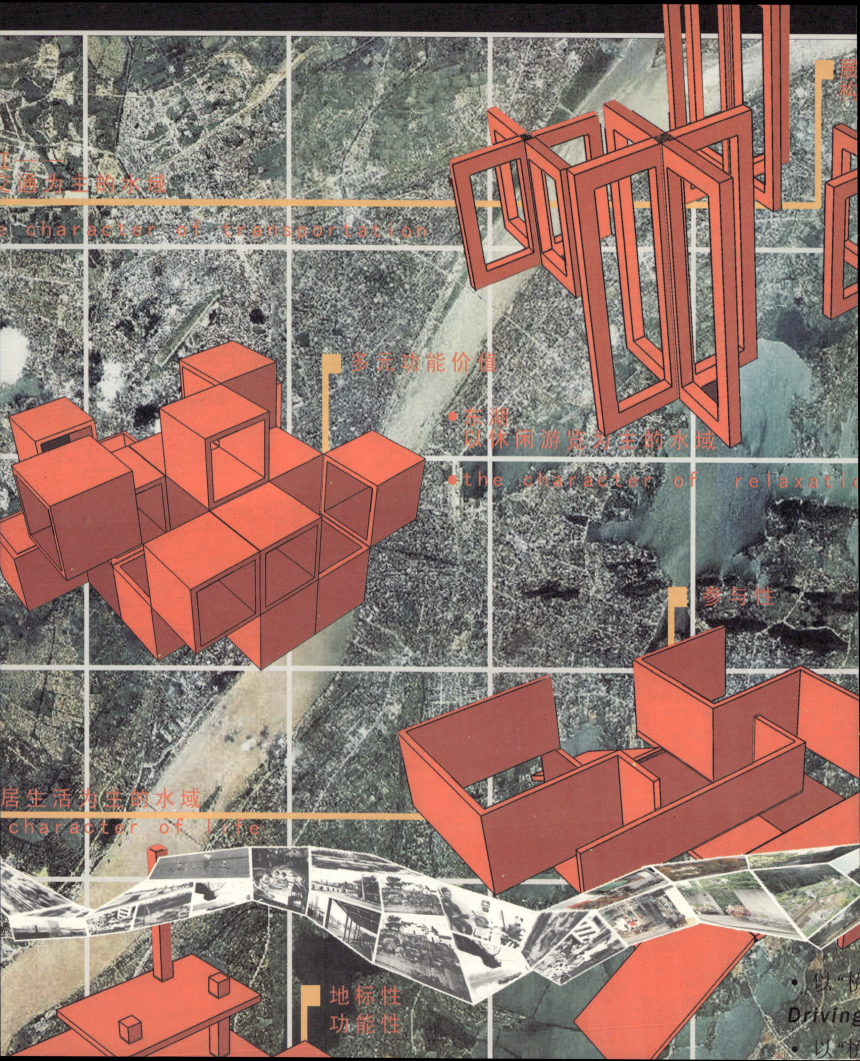

桥城
NEW PUBLIC SPA DESIGN
新城市公共空间构想

作品名称：桥城
设计成员：苑雪飞　孙艺冰
学　　校：哈尔滨工业大学

"桥"的意义：
它代表着城市的公共空间，交往空间，交通空间。

城市公共空间作为城市的整体框架，串联起包括居住，商业，文化等各种城市功能空间，**我们把这样串接城市的空间称作"桥"**。

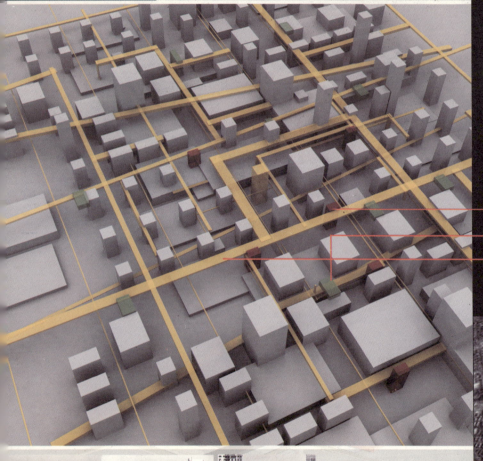

— 竖向交通空间
— 绿化及交流空间
— 城市立体公共空间

文化空间
商业空间
居住空间

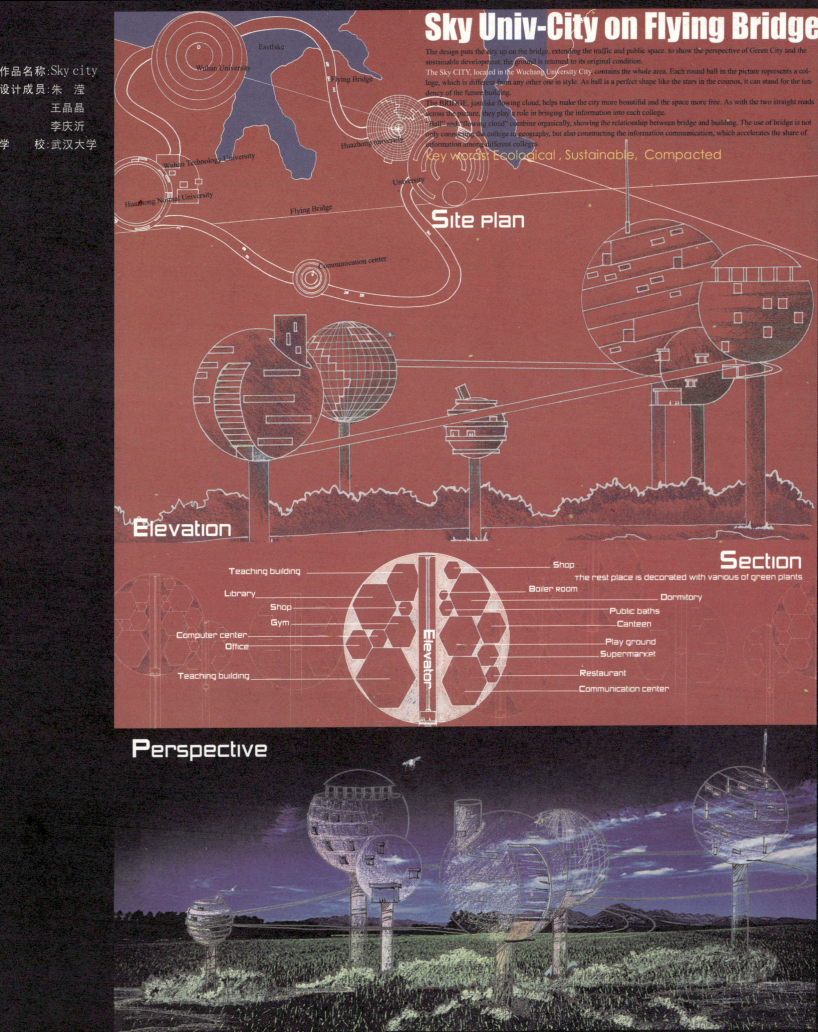

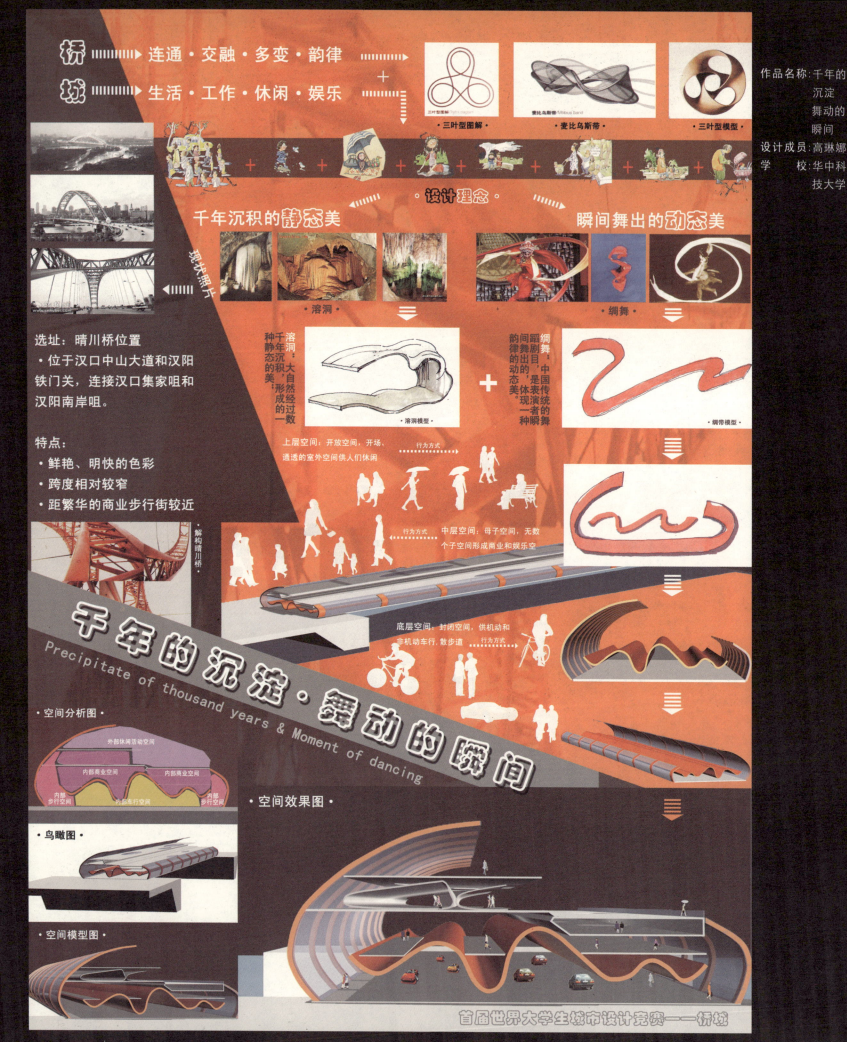

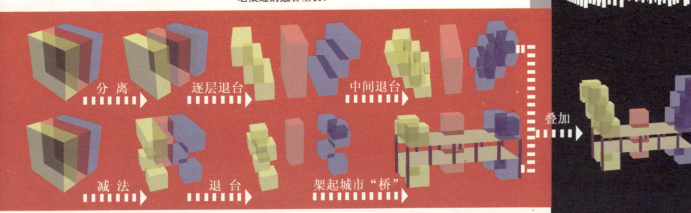

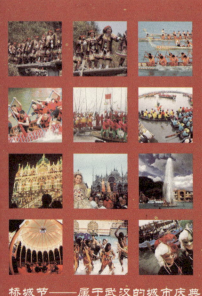

桥城节——属于武汉的城市庆典

武汉是有名的江城，长江横断其南北，桥，使江从天堑变通途，从古老的浮桥，到长江上第一座现代桥梁武汉长江大桥，而今伴随着武汉的发展，武汉长江二桥、白沙洲长江大桥等纷纷建成，连接大江南北，挺进国际社会。

凤，是武汉的魂；桥，是武汉的躯（骨架脉络）古老文明与现代科技交织的武汉，在桥城节这个盛大的庆典向世界昭示其风采；蕴含着传统图腾的现代桥，漂浮的可以自由移动的桥，传统的龙（凤）舟比赛，人们对古老文化的怀念，对现代文明的憧憬……

一座桥城的庆典
武汉·国际
桥城节

凤——楚人的图腾，湖北的标志

楚人尊凤由其远祖拜日、尊凤的原始信仰衍化而来，这令已追七千多年有文物可考的历史。

右图的这件湖北江陵出土的"九彩龙凤纹绢地绣襟衣"，是楚国凤纹的代表之作。图中的凤纹栩栩如生，又充满装饰感，那种绚丽瑰弘的气势可以让人一窥楚国的繁荣和强大。

在"桥城节"这个属于武汉，属于湖北的独一无二的日子，恐怕只有这种瑰琦至极的花纹能够表达人们激动的心情，衬托和表现这个城市最美的部分——桥与水。

文物——设计原型

花纹——加工处理

"桥城节"庆典元素:凤骨架,凤凰

作品名称:武汉·国际·桥城节
设计成员:陈　兴
　　　　　杨　晶
　　　　　孙　北

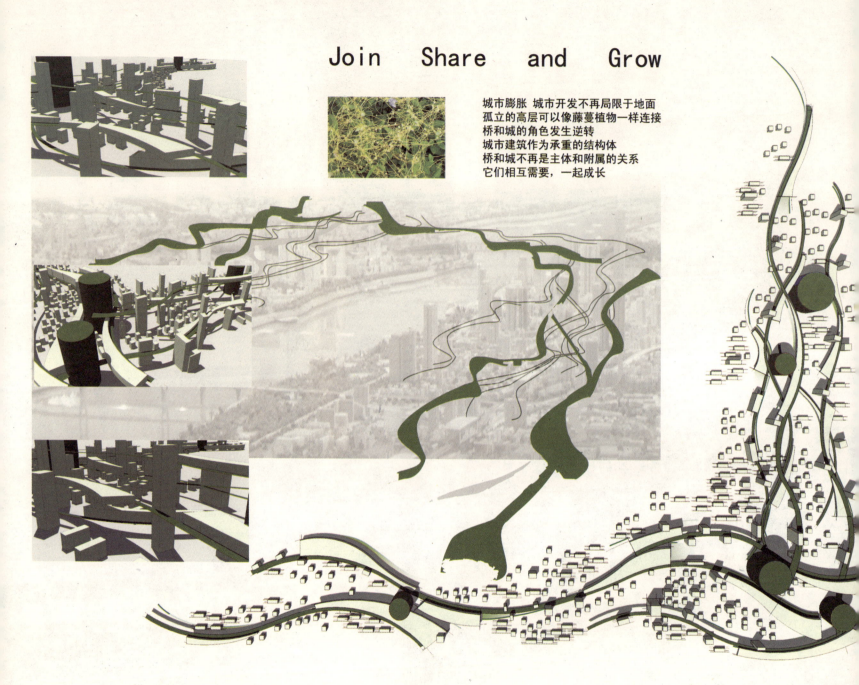

Join Share and Grow

城市膨胀 城市开发不再局限于地面
孤立的高层可以像藤蔓植物一样连接
桥和城的角色发生逆转
城市建筑作为承重的结构体
桥和城不再是主体和附属的关系
它们相互需要，一起成长

作品名称：Join share and grow
设计成员：赵　晨
　　　　　杜俊佳
学　　校：武汉理工大学

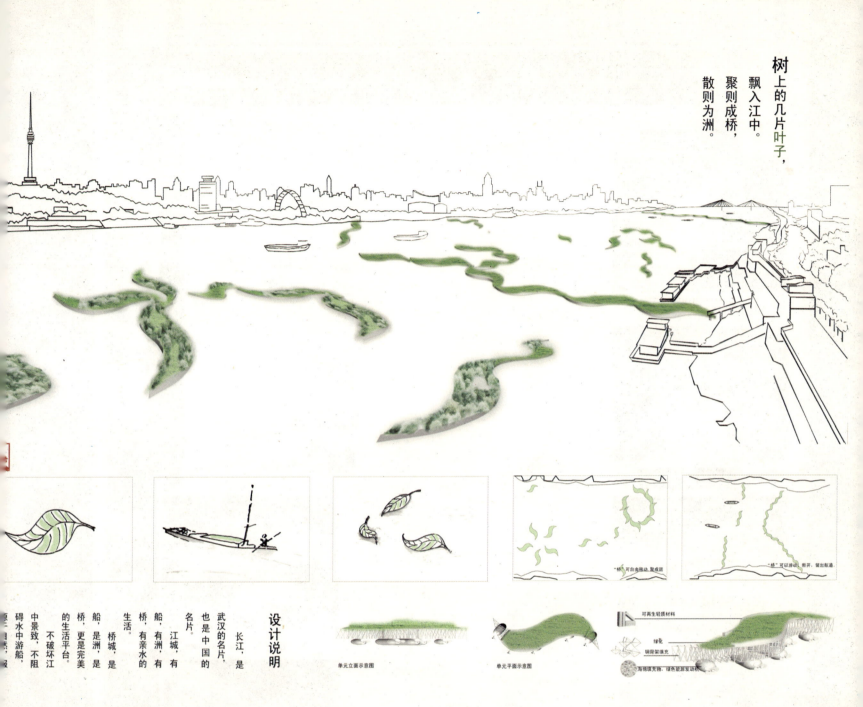

树上的几片叶子，飘入江中。聚则成桥，散则为洲。

设计说明

长江，是武汉的名片，也是中国的名片。

江城，有船，有洲，有桥，有亲水的生活。

桥城，是船，是洲，是桥，更是完美的生活平台。不破坏江中景致，不阻碍水中游船。

作品名称：桥城
设计成员：陶方圆　刘　泉
学　　校：武汉理工大学

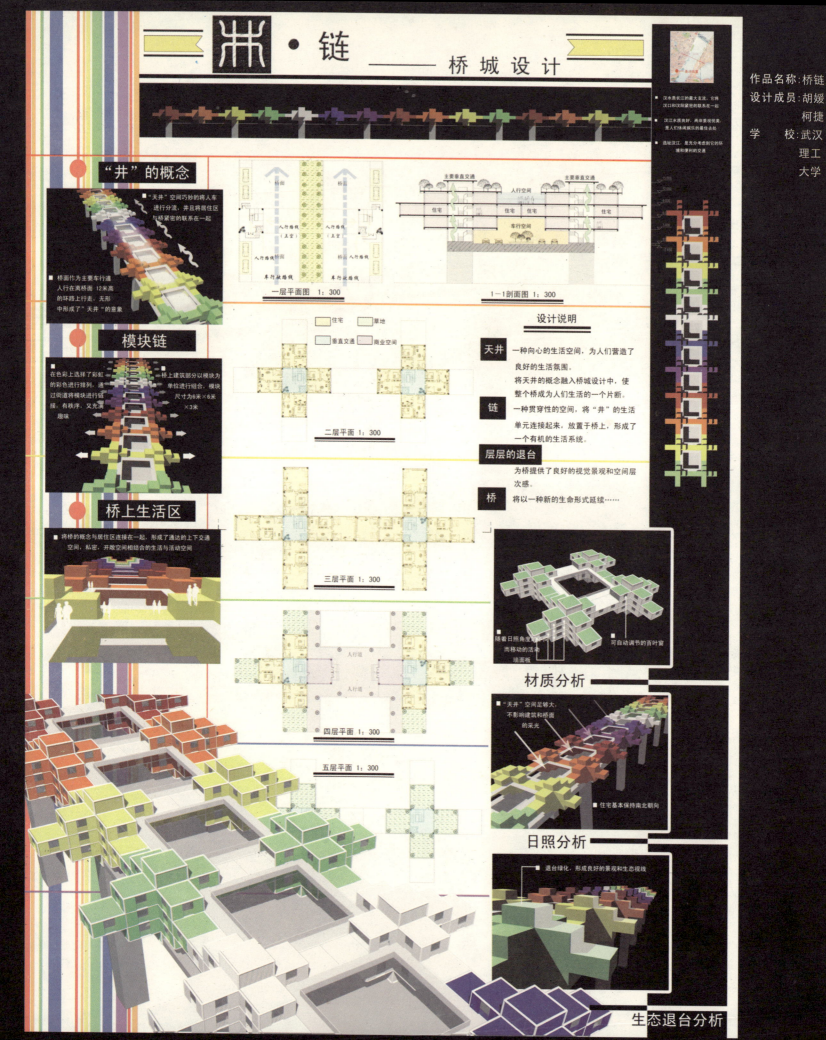

3 | 其他作品 Others

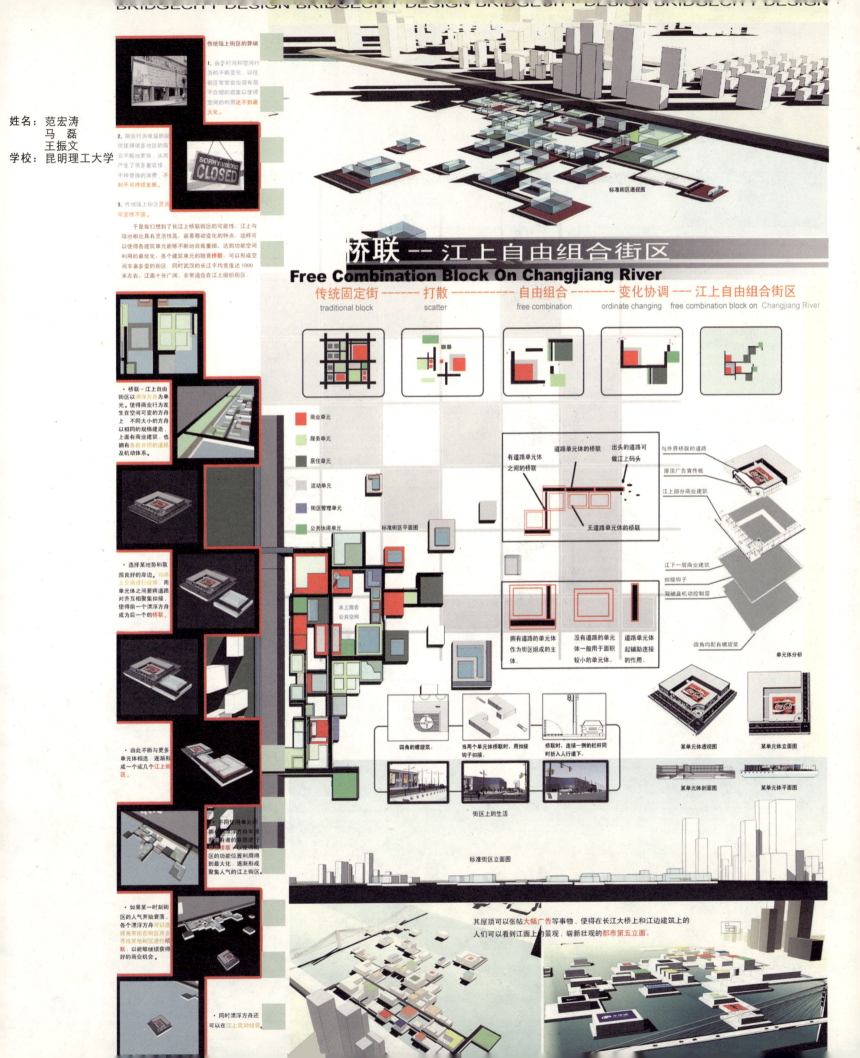

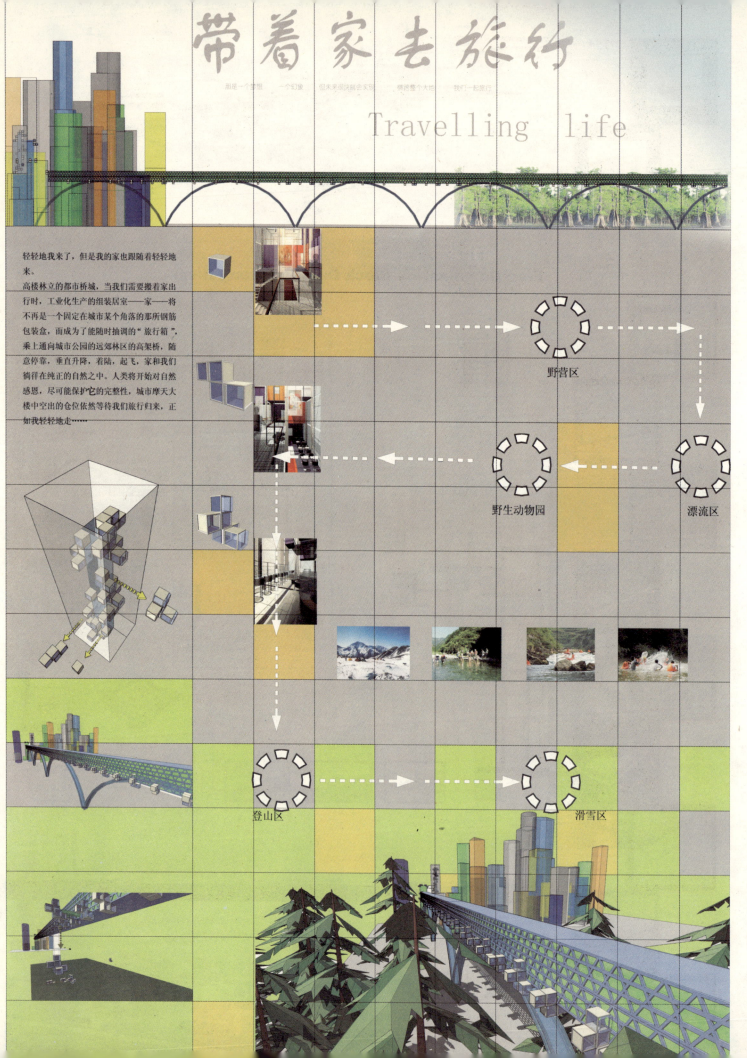

姓名：厉 矾
　　　毛科轶
　　　叶思浓
　　　李 季
学校：浙江大学

9*9 的方盒子

一层平面
（船体设备层）

二层平面
（商业层）

三层平面（居住层）

剖面图

浮城

设计说明：
武汉，江泽纵横，三镇并立，交通的不宜便使其成为先天丧失整体的城市，在这里人们或许真正需要的是一座变通的流动的桥——浮桥。

本方案以菱桶（采菱时供人们乘坐的大桶，往往用线连成一串）为主要意向原点，从船的单体设计出发，使其承担居住，商业的功能，并且可以在水面上自由地寻找自己的定位，多个单体机动地在江面任何地方组合形成桥，桥的扩展进而又形成了一个水上的城市，营造出武汉人的一种新的水上生活的模式；居无定所，却各得其所。并且浮桥水涨船高的特点刚好可以满足洪涝灾害的威胁和影响。

高架二层平面图

高架一层平面图

地坪层平面图

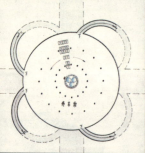

地下三层停车场平面图

地下四层转盘平面图

BRIDGE CITY DESIGN

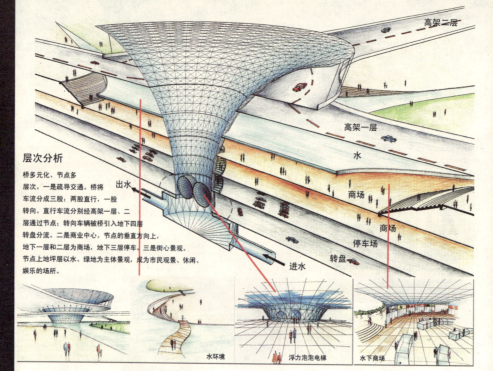

高架二层
高架一层
水
商场
商场
停车场
出水
进水
转盘

层次分析

桥多元化、节点多层次。一是疏导交通。桥将车流分成三股：两股直行，一股转向。直行车流分别经高架一层、二层通过节点；转向车辆被桥引入地下四层转盘分流。二是商业中心。节点的垂直方向上，地下一层和二层为商场，地下三层停车。三是街心景观。节点上地坪层是以水、绿地为主体景观，成为市民观景、休闲、娱乐的场所。

水环境　浮力泡泡电梯　水下商场

对 **节点** 问题的思考

地下一层商场平面图

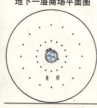

地下二层商场平面图

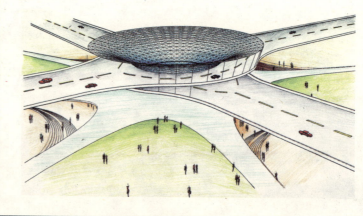

"大城市病"具有以下三大症状：交通拥挤、环境污染、水危机。武汉作为未来的国际化大都市，同样存在问题着这三个问题。本设计在引用"神经元"原理重点研究解决十字路口节点问题的同时，也兼顾了环境污染、水危机的问题。

一、设计概论
以"神经元"原理解决十字路口节点问题，一个节点为一个"神经元"，以多个"神经元"将"桥"和"城"有机的融合起来。

二、"神经元"概念
(一)在人体中神经元的作用。
1、主导神经兴奋：神经兴奋由此发出。
2、传递神经兴奋：受刺激的神经元将神经兴奋传递到下一个神经元和其他神经细胞。
(二)在城市节点中"神经元"的作用。
1、从功能上：一是主导"神经兴奋"——解决建筑问题。节点作为商业中心，构成城市的神经元；其他建筑（包括公建、住宅等）围绕此节点扩展开来，由商业中心来刺激并主导周围建筑的生长发展。二是传递"神经兴奋"——解决交通问题，"神经兴奋"从节点商业发出后，以桥为依托，传递到下一神经元（节点）。这一交流的直观反应是交通疏纽——桥；本质联系是围绕桥而衍生出的建筑——城。
2、从形式上：一是水景的形状为生物学神经元的形态。水景向外延伸，连接另一神经元（节点）和其他神经细胞（周围建筑）。二是水景的形态模拟水柱落下四散开来的形态。

三、桥城的形成
节点作为一个集交通、观景、商业、休闲、娱乐于一体的节点体系，可以独立存在，也可以多个方式存在。本设计就以四个节点为核心，由桥连接，围合出一片绿地景观，营造出良好的居住环境，其他建筑以节点为中心扩散。从而构成了城市的基本单元，多个基本单元便组合成桥城。

四、"大城市病"的解决办法
1、桥体系解决交通问题。特别是在十字路口这个节点上，桥将直行和转向车辆分段分流，缓解拥挤问题。
2、绿地解决污染问题。四个节点中围合出的大片自然绿地（可以是纯自然景观，可以是人工湿地等）能够使绿地集中化、系统化，从而更高效率地净化城市空气，同时优化居住环境。
3、还原"百湖之市"的水环境。由节点延伸出的水，小可以联系周围建筑，大可以联系江河湖泊，既可以让曾经被占、被填的水域得以还原，又能使水在城中流动起来，构成"水—桥—城"的体系。

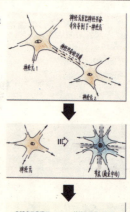

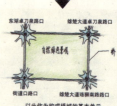

以此作为构成桥城的基本单元

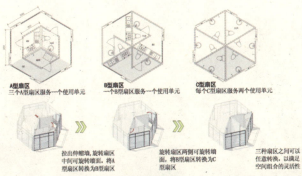
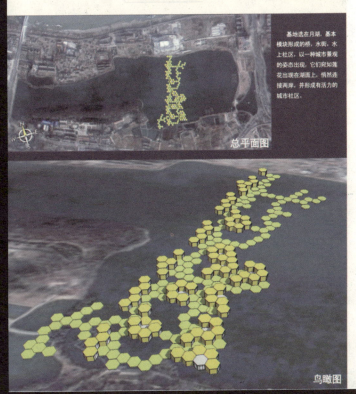

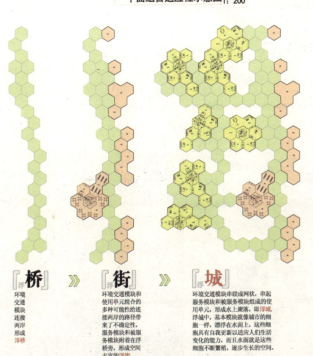

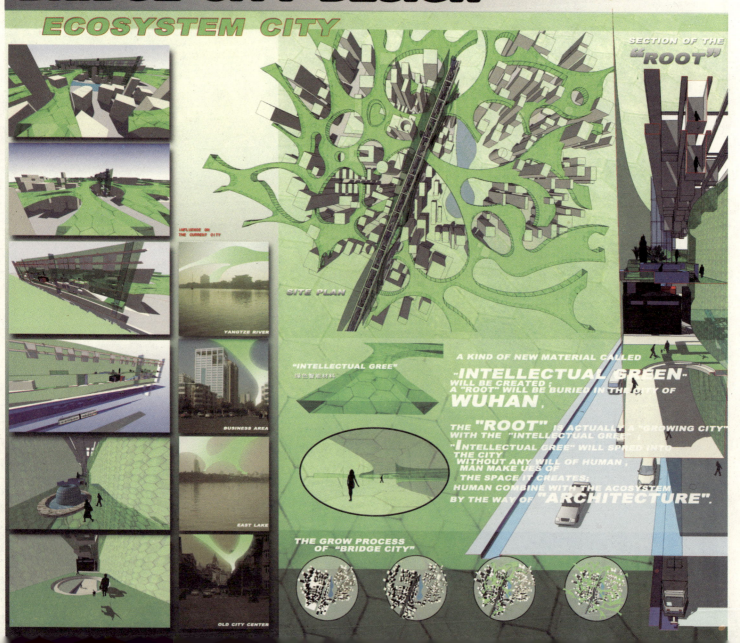

桥城。三维的漂移

姓名：周　璐
　　　周楷清
　　　刘显鹏
学校：西南交通大学

50年后，世界人口趋于饱和，地面上的空间已不能满足人们居住、休憩等要求，如何扩展城市空间便成了城市设计中的首要问题！武汉，一座与桥息息相关的城市，桥便成为了扩展城市空间的一片绿地。

本设计选址武汉次干流的出江口，进入这个建筑前人们可以有三种选择方式，一为向上走，通过这个斜面可以驻足观景，也可以向下，向左，向右进入其他拓展的小空间。二是机动车从桥面到达对岸，三为人流通过桥下的景观走廊到达彼岸。

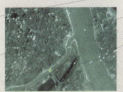

在进入桥前的缓冲平台看到的是供人驻足的景观小体（图1），进入桥洞后，呈现出仿佛从空中掉下来的建筑，具有震撼效果（图2），人们从这个掉下来的空间里可以将身下的车流，桥外的江流一览而尽。夜里，发光的小空间也为城市景观另添意境（图3）。

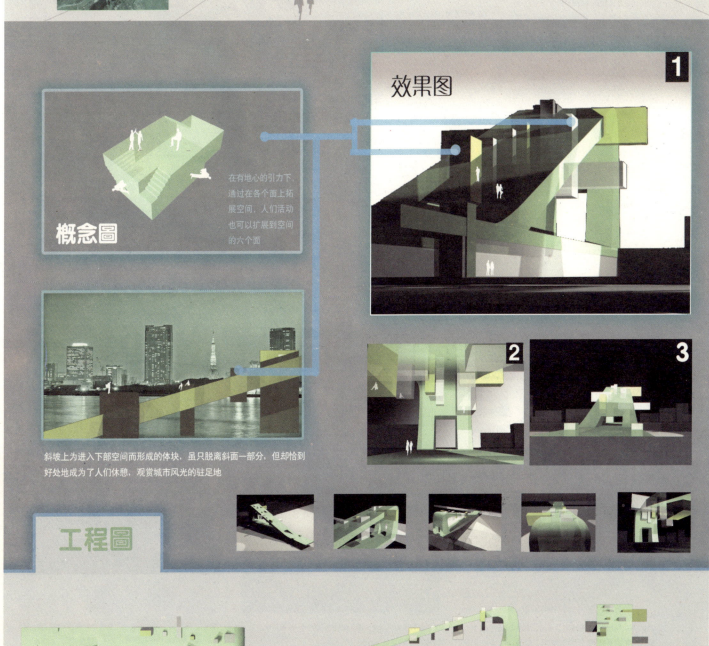

在有地心的引力下，通过在各个面上拓展空间，人们活动也可以扩展到空间的六个面

斜坡上为进入下部空间而形成的体块，虽只脱离斜面一部分，但却恰到好处地成为了人们休憩，观赏城市风光的驻足地

工程图

平面图　　立面图A　　立面图B

行走 @ 乐趣 BRIDGE CITY → INTRODUCTION

Existing Problem → Solution → 以桥拓展城市交通与公共空间

城市化进程加快,科技与文化飞速发展,但多年来桥仅仅作为纯粹交通构筑设施,功能单一,影响了生活品质。

通过仿生学,在蜂巢和"建筑""桥梁"间找到一种契合点,体现出协作沟通纽带的意义。21世纪的桥应该更多的起到区域间交通连接,人和人沟通的作用,而不应是单一的交通作用。体现了"以桥拓展城市交通与公共空间"的主题。

为什么选择蜂巢结构?
早在公元4世纪的古希腊,数学家佩波斯就提出:蜂窝的优美形状,是自然界最有效劳动的代表。窖蜂巢是一座十分精密的建筑工程,六面隔墙宽度完全相同,墙之间的角度正好是120度,形成一个完美的正六边形几何形。我们可以得出的结论是:正六边形蜂窝结构是大自然物竞天择的自然选择,它代表了自然界最有效劳动的天然成果。

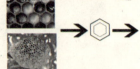

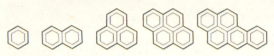

相同的功能单元视场地面积而有不同的组合,不同蜂巢单元的组合连接传达出桥的沟通性

楼梯

在表现方面以围合的蜂巢单元为建筑的个体,在层次上和交通流动性上充分考虑到"行走的乐趣"这一核心,避免现代城市交通中的疲惫行走。

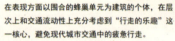

平面图

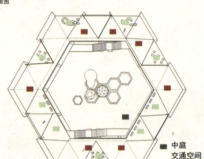

■ 中庭
■ 交通空间
■ 休息空间

立面图

剖面图

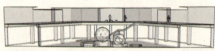

蜂巢不同区域的分布则可以更为自由的体现其在不同地面环境的功能性,适于不同环境摆放,已达到步行交通对城市区域桥梁的需要。也可倡导促进城市交通微循环,分散布局交通拥挤点以提高系统的整体效率。

入口

流线组织

"桥"具有自由流动的特点,创造出流动空间
人们行走其中可以自由选择路线。

筑于湖面 →
成为公园、小区或街景雕塑

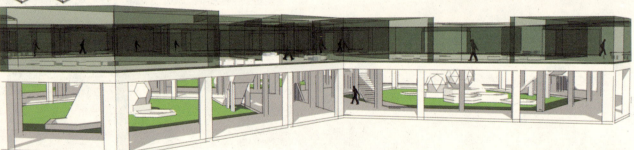

人和景的互移,空间落差的层次以减少视觉疲惫感。玻璃和新型材料的大量应用则容易展现出一种通透的空间性。也更好的和周边现代建筑环境有更好的呼应。

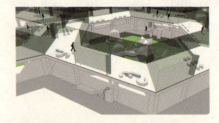

内部空间的休憩椅、咖啡吧、小品、景致或水面则提供人们在行走忙碌的同时有个歇息的公共空间。

体现在城市大空间中人与人的区域小空间,这就是蜂巢——行走的乐趣。

夜晚,"桥"成为城市的亮点。底层柱廊内置灯管,发出淡绿色光,中庭雕塑是白色的发光体,成为"桥"的焦点,提高了城市环境的品质。

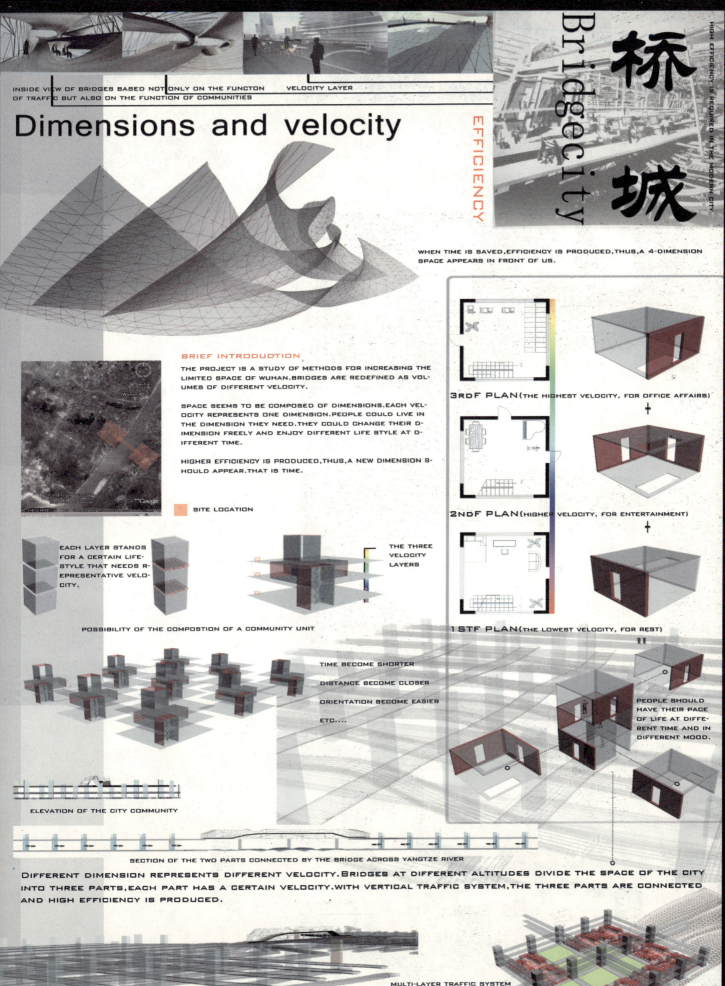

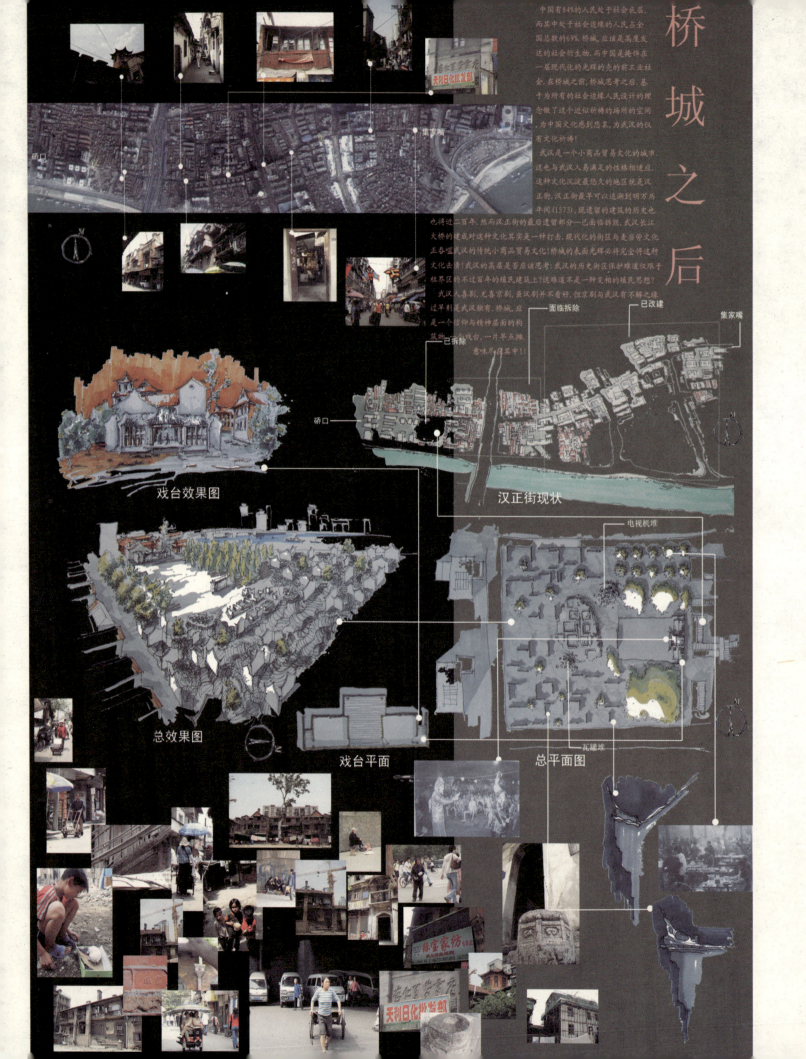

姓名:李光波
　　　郑　前
学校:武汉理工大学

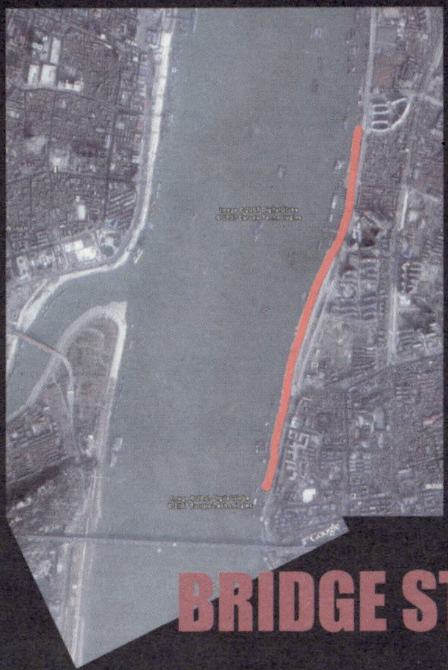

合久必分,分久必合。分离最终总是会合的,联合体似乎已经是各行各业发展的趋势,结果如何？必然是一阵讨论与唏嘘,而真正能够做到改善生活,满足人的总是存在期望之中。 地处长江与汉水交汇的武汉具有众多桥梁,它被期望发展成桥城（bridge city）,也似乎是理所当然。长江一桥等一系列纵向横跨的桥使武汉三镇紧密联系而成为了一个整体。然而,长江与人们的活动视线却被防洪大堤分离。如何让长江回到人们的怀抱呢？做江滩？流经武汉全段做江滩？难免多而生厌。探讨在继续。我们试想用一种横向的非跨越长江的"桥"来加强人们与长江的联系,使人们更亲近长江。于是,本方案得以诞生。

BRIDGE STREET

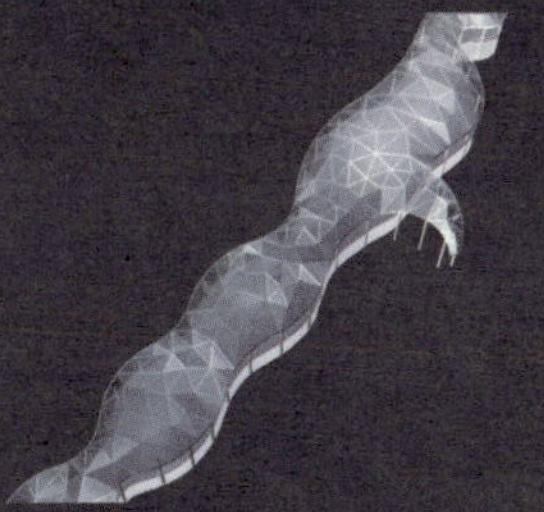

ABRUPTION CONFORMITY

桥是什么？桥是能使相互分离的事物建立联系的事物。在本方案设计中,试图把交通、娱乐、景观、公共活动场所、商业融为一体。Bridgestreet把沿江的风景更加完整地展示在人们面前；曲线造型隐喻水的波纹,是对江岸线的延续；它把城市本身的交通系统进行了拓展；同时,也具有商业街的味道。Bridgestreet本身共分为三层：底层为原沿江大道,作为停车场及辅助交通,联系货运码头与城市；中间为街道与交通,最上层为休闲娱乐的步行广场。它们之间通过垂直交通联系在一起。

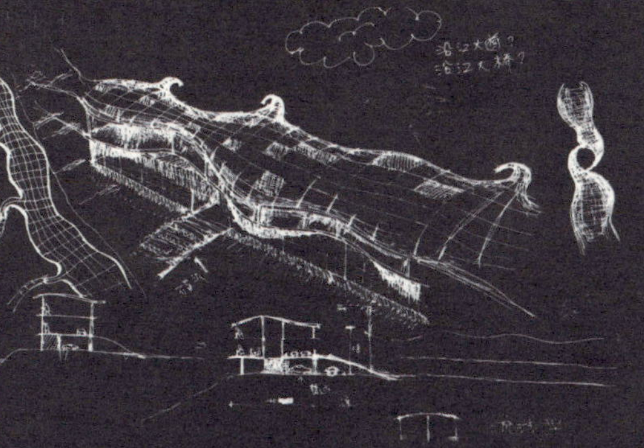

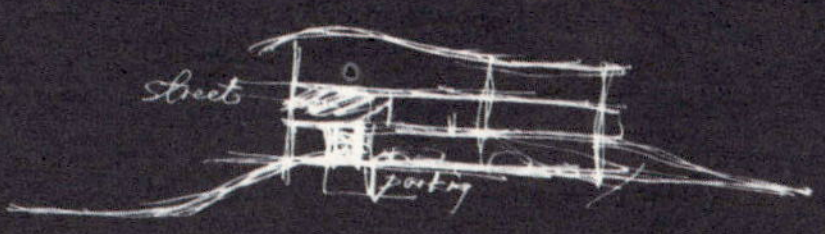

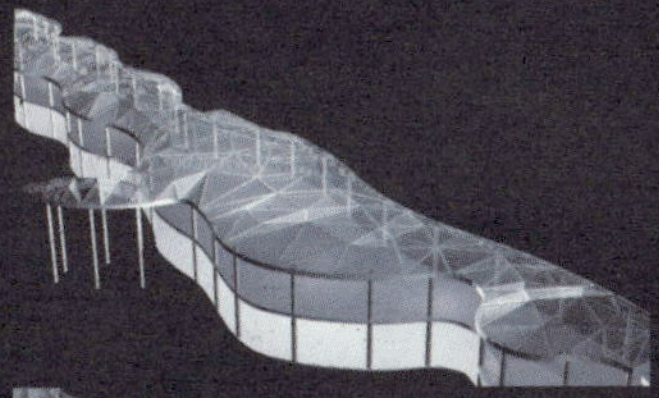

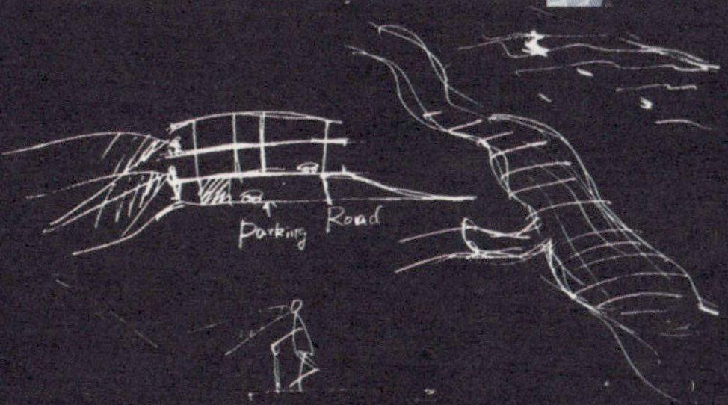

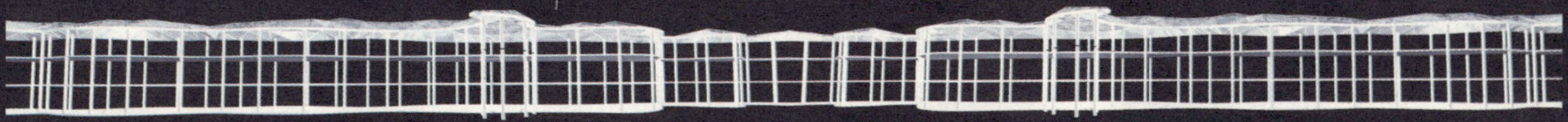

潜城
THE HIDDEN CITY

建筑单体以3×3为基本模数，向三维空间无限生长，因为空间都是应需而生的，减少了空间的浪费，同时形成了丰富多彩的建筑表情

 由原点触发

 根据需要进行平面上的组合

 纵向发展，形成多功能的空间集

 再组合，最终形成社区，城市

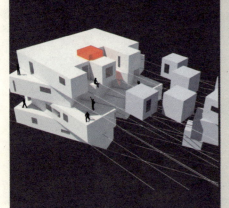

2057
可能存在的城市危机

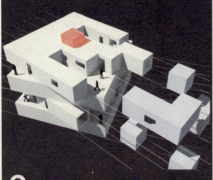

分离，无序地分离，形成无序的城市建筑表情
转动，不同轴心地转动，形成不同的暧昧空间
空间，随意而定，室内外空间因此丰富多彩

平面和立面的形成

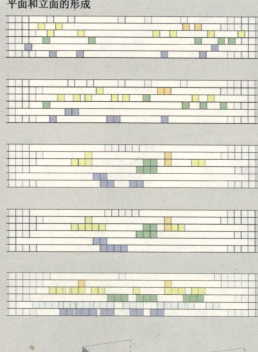

单元体浮力结构设计

TYPE 1 横向发展

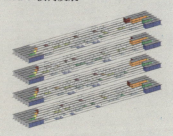

TYPE 2 纵向发展

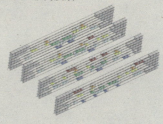

TYPE 3 三维发展

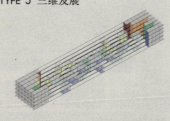

姓名：章雨晨
　　　郑潇君
学校：武汉大学

堵塞、污染、缺乏交流是现有私人交通带来的三个严重问题。
Traffic jam, gas pollution and the shortage of communication are three serious problems given by the current private transport system.

传送桥
Transporting Bridge

本设计旨在解决人们由于快节奏的生活带来的交流缺乏的问题。通过对城市公共交通进行改造，在上下班这段稳定的活动时间里，赋予人们一个安全、舒适、高效的交流空间——传送桥，使人们能在其中遇见更多熟悉的人，造成交流。同时本设计关注到公共交通带来的污染、堵塞等问题，并提出了解决方法。

This design focus on the communication-shortage problem caused by the fast pace of life. To transform the public transport system, the transporting bridge, which is a safe, comfortable, efficient communicating space, is given for allowing people meet each other and talk to each other in a more familiar way during the time people spend on the way between home and work place.
In addition, the design of public transport concerns the pollution and blockage problems, and proposed solutions.

经济的迅速增长使现行私人交通提供给汽车使用者单一、封闭、孤独的空间，导致他们在每天日常的交通流程中，不得不自面对弹丸之地。公共交通释放了人群，人们走出小汽车，走进大空间——一个可遇到熟人，可进行交流的空间。

The existing private transport system provides the users a lonely and boring space, which is a certain factor that caused Autistic. People can be relieved by the public space which provides a large space with function of communication.

现有的交通利用率低且易出现堵塞，因此本设计提出传送桥这一新式交通方式。传送桥在具备大空间并促成人群交流的功能前提下，提供给人们同样的便捷，并有效保证城市交通系统的秩序，要着关注了污染和安全隐患的问题。

The design puts forward the transporting bridge as a new mode of transportation to meet the case of low utilization and blockage of current traffic. It's the transporting bridge that is available for same convenience to people and relatively clear order of urban transportation system on the premise that it provides large space which can make communication. Also, the pollution and potential problems in security are paid the same attention to.

高速的都市生活使人们日益远离闲庭信步和绿荫繁盛。传送桥适度桥架空底层，契合人体尺度，为人们收拾出一块悠闲生活的预留地。舒适与安逸在传送桥下的平和中延伸

The transporting bridge is overhead appropriately, leaving the space of pedestrians and green.

传送桥的连接处是形如蜗牛壳的螺旋状的中转站，随着中枢扭部间的螺旋上升，人们可在各方向的通道处选择继续行程或离开传送桥。

The joint of the transporting bridge uses the shape of hodmadod, where people choose to move on in the transporting bridge or out with the uptrend of spiral form of the intermediate transit station.

桥城
Bridge City

武汉"桥"的故事
"BRIDGE" STORY IN WUHAN

姓名：袁秀娟
学校：华中科技大学

武汉交通现状：

塞
堵

武汉"水"的分析：
武汉现有面积10万平方米以上的湖泊166个，水体总面积652.28平方公里。

竞赛分析及切入点：
2007年，新一次的城市与桥梁的革命将在武汉发生。
2057年，预测武汉将变成一座独具特色的"桥城"。
"以桥拓展城市交通与公共空间"

💡 启示一

古"风水"理论以自然形象中的山与水为依托来择地，在现代城市中山水意象为人工环境中的建筑所代替，巍峨高耸的楼宇，经纬万端的马路形成现代风水的判断参数。

山 → 楼
水 → 路
水流 → 车流
水上桥 → 陆（路）上桥

路口形式：　　　"桥"的解决形式：

"桥"可借鉴的形式　💡 启示二

圣马可广场被誉为威尼斯明珠，但其最美丽时却是上潮时潮水铺在广场上，如一面巨大的镜子，使所有建筑像镶嵌在水晶或玻璃中间。

平日的广场
公路上的"桥"

潮水倒映中的广场
夜间"桥"的倒影

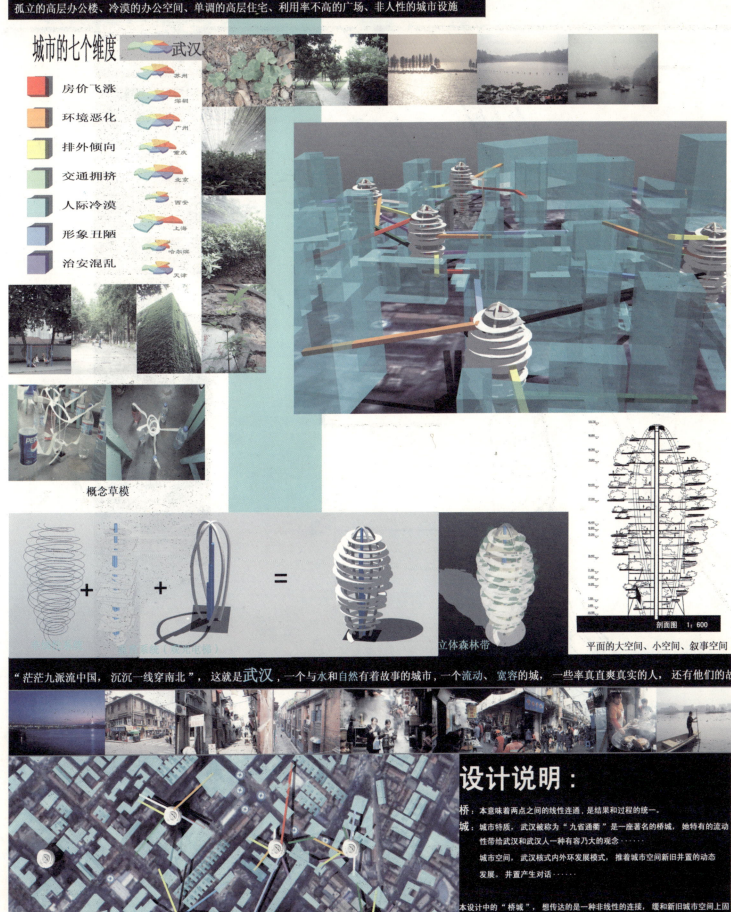

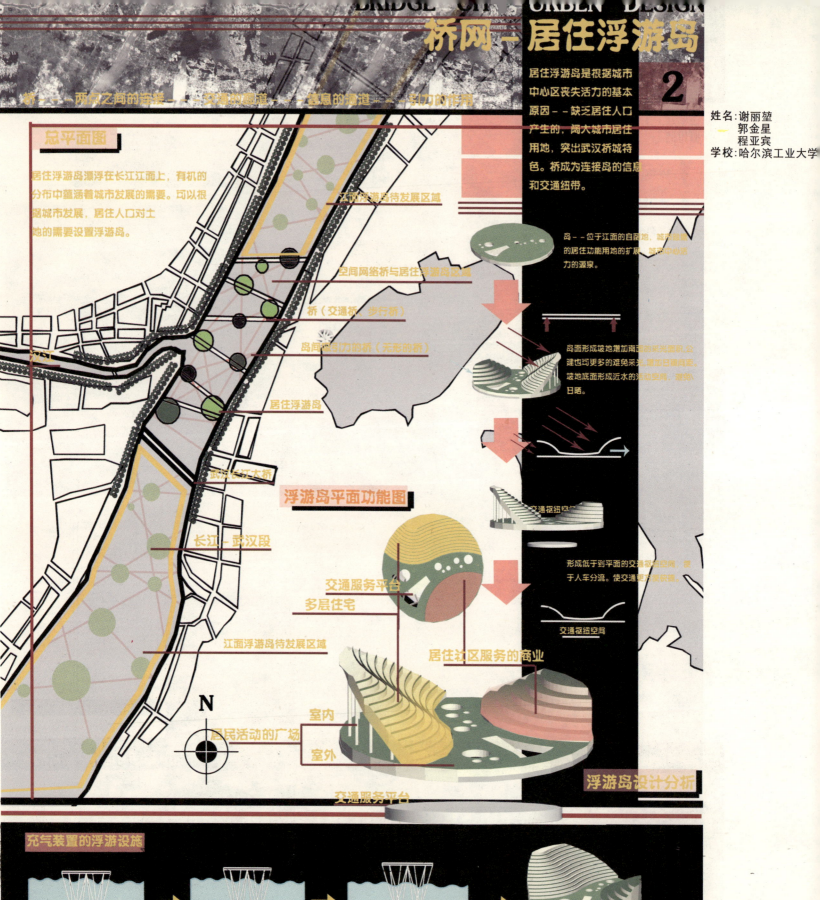

大学生城市设计大赛
student competition of urban design

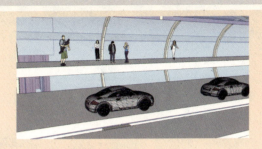

此桥分上,中,下三层,下层为火车通道,中层为机动车道,上层为人行,将三种交通形式分离是为了给行人营造一个更加安全的环境

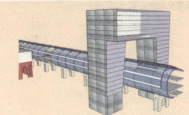

港口商务办公用楼,简约的造型给人空间的体积感

商务办公大楼入口

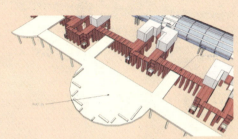

集公共交流,休闲,娱乐一体的一个平台。

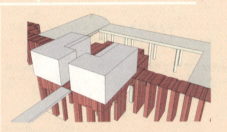

居于防腐木制桥墩上的小高层及可以随水位变化而拆装的移动建筑。

从人行道过渡的,以外围环形玻璃式护栏及隔声门隔离下面两层的交通噪声,给居民一个安静的环境

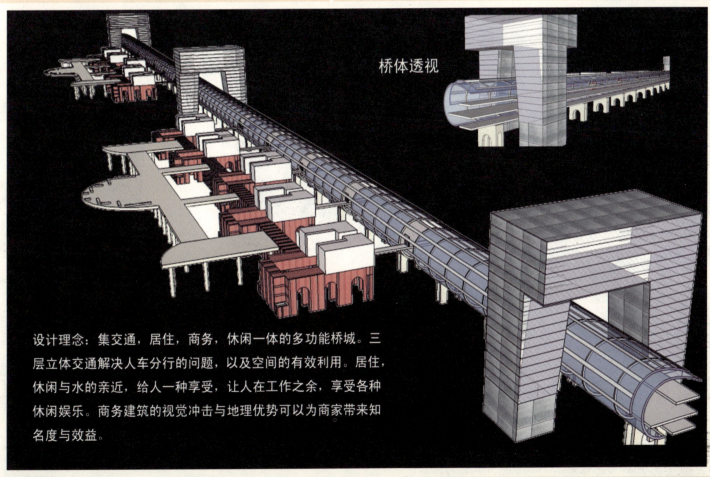

桥体透视

设计理念:集交通,居住,商务,休闲一体的多功能桥城。三层立体交通解决人车分行的问题,以及空间的有效利用。居住,休闲与水的亲近,给人一种享受,让人在工作之余,享受各种休闲娱乐。商务建筑的视觉冲击与地理优势可以为商家带来知名度与效益。

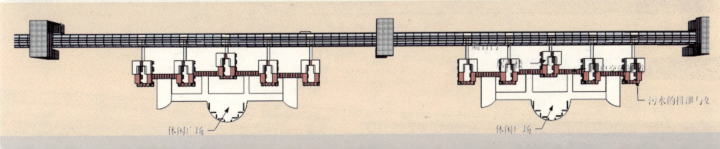

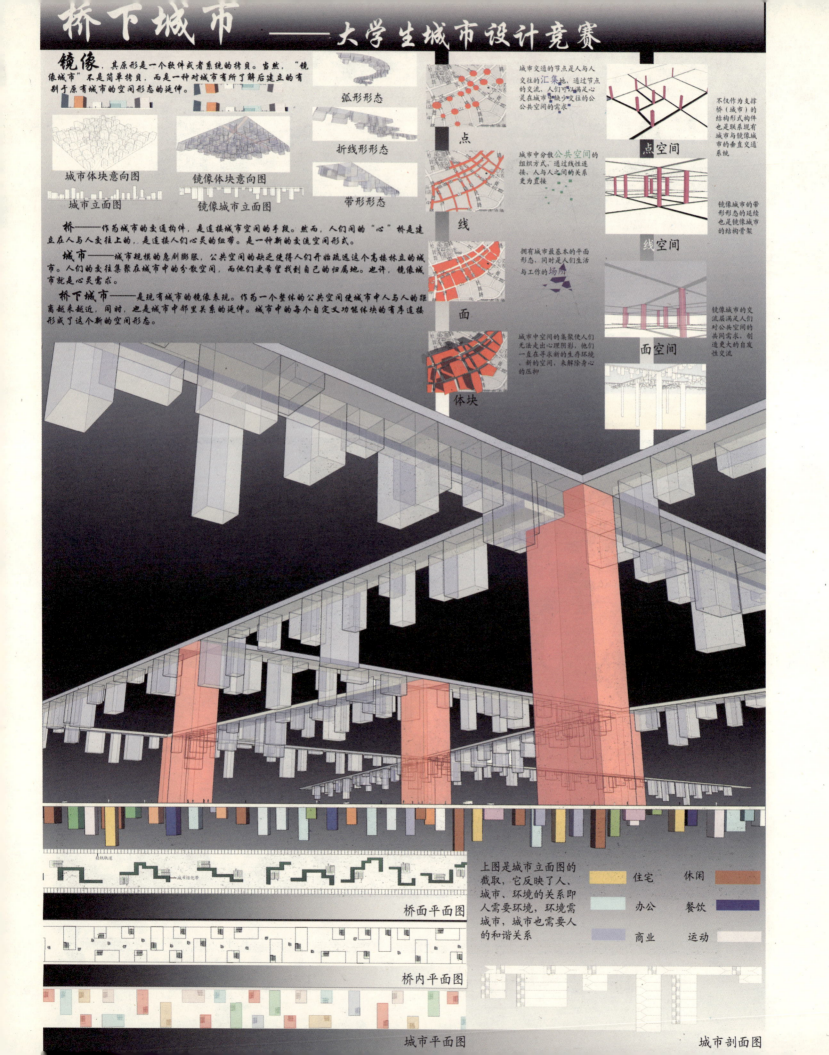

桥城——未来桥上的集约型城市

一座桥，一座城。

桥上的城市

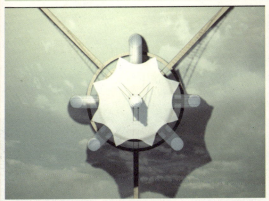

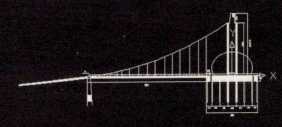

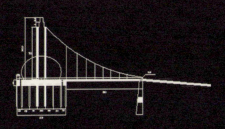

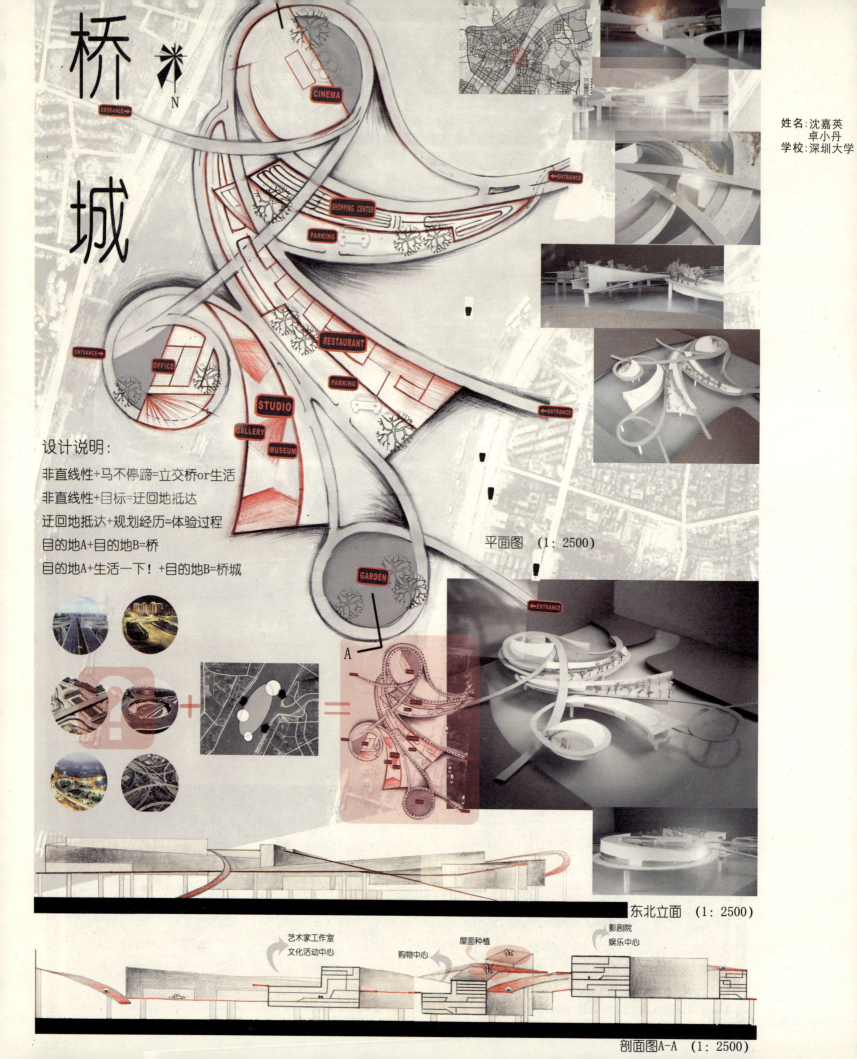

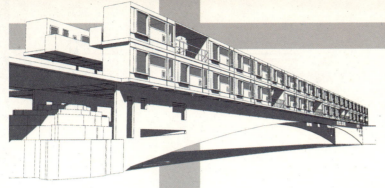

汉水上的青年公社
YOUTH COMMUNITY

越来越多来自世界各地的青年人到江城游历，越来越多来江城奋斗的青年人需要廉价的暂住房。青年公社在桥城的规划中是十分必要的。在这里青年们不仅可以享受到低价的房租，更可以直接体验到江城文化的独特魅力。

造价低 改造易的旧集装箱

基地 ➡ 构建 ➡ 生长

加以防潮与隔音处理 并加以装饰
形成基本的单元体

标准平面 1:50   DIY平面 1:50

生态的盒子

个人的盒子

公共的盒子（单元体的水平或垂直相加）

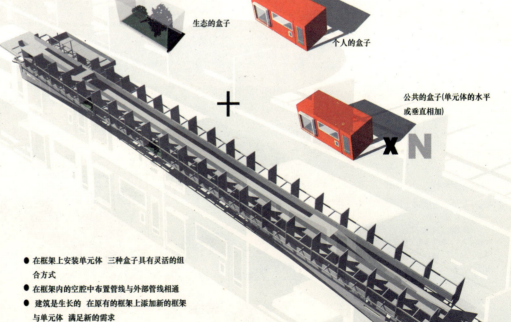

● 在框架上安装单元体 三种盒子具有灵活的组合方式
● 在框架内的空腔中布置管线与外部管线相通
● 建筑是生长的 在原有的框架上添加新的框架与单元体 满足新的需求

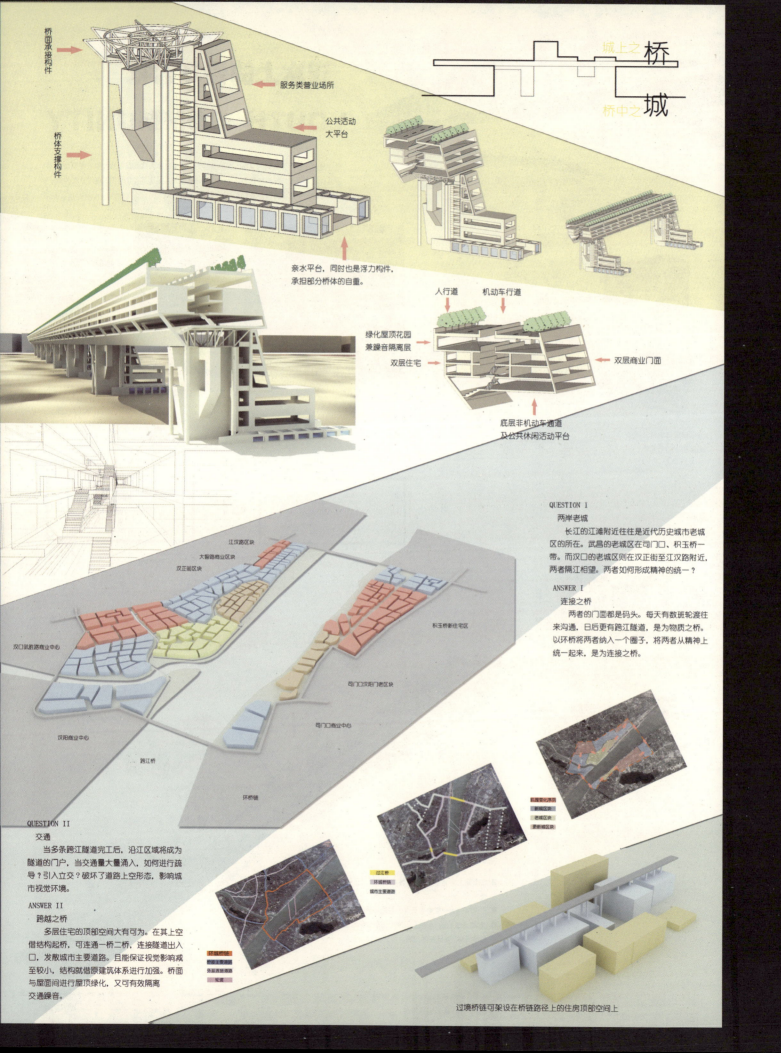

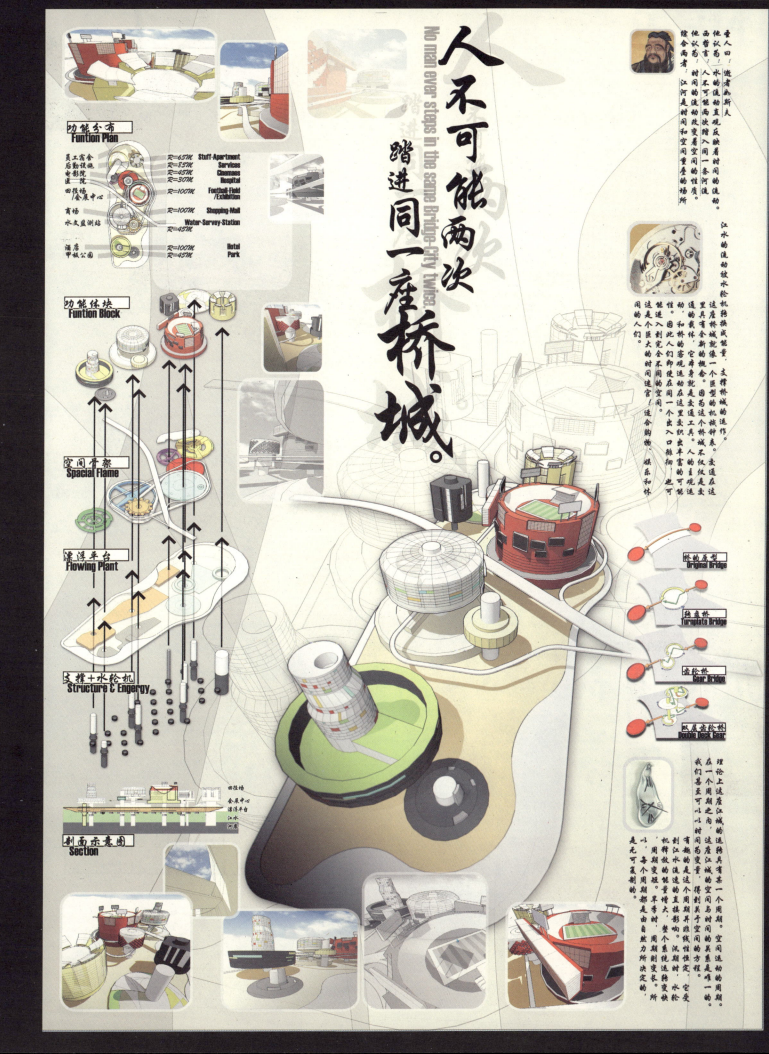

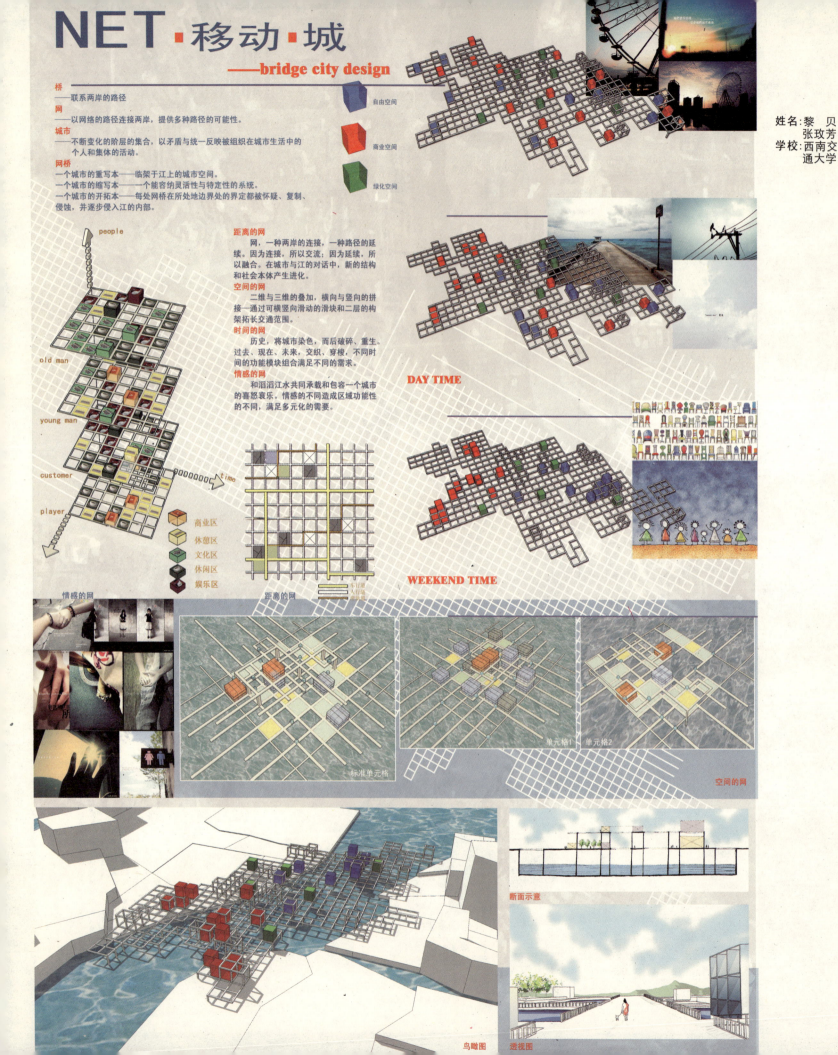

THE BRIDGECITY EXPERIENCE CENTER

姓名:陈 曦
学校:南京大学

elevation — 1:2000 立面图

住宅服务体验区 (dwelling part) | 行政办公体验区 (public part) | 休闲娱乐体验区 (entertainment part)

section — 1:2000 剖面图

concept

- beautiful river / shining bridge
- covered river / nolonger bridge
- still beautiful river / still shining bridge

透视图

site

bridge as landscape architecture/
keep it as it was /build a center
under the bottom of the bridge/
the center hang under the bridge
like it was growing from it/people
can experience the much nearer
river through the building/ also
the more interesting space in it

桥不仅仅作为交通建筑更大意义上作为城市的景观建筑存在
随着城市扩张 纯净的江面已经作为居民期望的城市风景

保留纯净的桥的结构美学　　　桥长1000米 宽20米
保护城市水面的视觉纯净　　　桥面增加绿化树木
将建筑倒置于桥体下方　　　　桥面增加人行天桥
带来更多的空间可能性和自由性　桥面中间设置采光口
冲击正置建筑的审美疲劳　　　桥面设置行人出入口

概念阐述

feasibility — 可行性施工

sketches — 概念来源

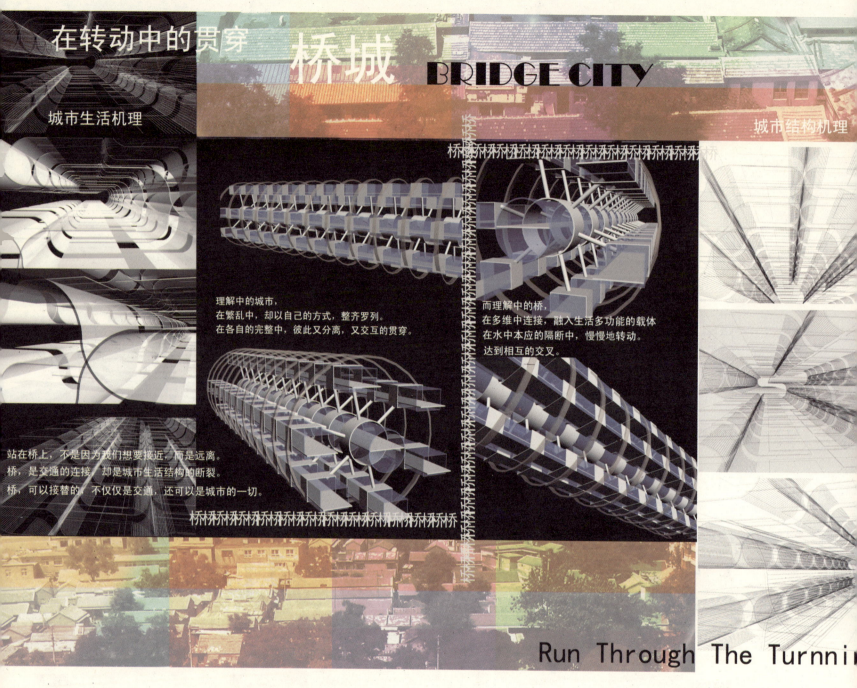

姓名：梅斯景
　　　冯　静
学校：武汉理工大学

桥城设计——桥的主题公园

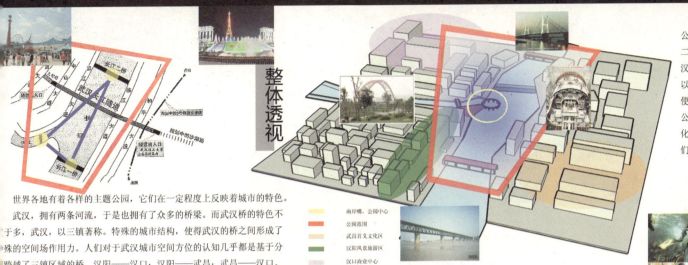

整体透视

公园选择范围：晴川桥、长江一桥、长江二桥及其之间的滨水区（包括汉阳江滩、汉口江滩、武昌江滩、长江隧道）。公园以两江交汇处——南岸嘴为中心景区，方便观赏特殊地理风貌并一览三镇整体景象。公园紧邻汉口商业中心，武昌首义历史文化区，汉阳风景旅游区。通过公园，将它们联系起来，形成一个整体。

主题特色

世界各地有着各样的主题公园，它们在一定程度上反映着城市的特色。

武汉，拥有两条河流，于是也拥有了众多的桥梁。而武汉桥的特色不于多，武汉，以三镇著称。特殊的城市结构，使得武汉的桥之间形成了殊的空间场作用力。人们对于武汉城市空间方位的认知几乎都是基于分跨越了三镇区域的桥。汉阳——汉口；汉阳——武昌；武昌——汉口。成一种环状的场。

基于此，再结合武汉的水文化，提出桥的主题公园，将三连接三镇的桥和周边城市空间，真正连接起来，形成一种核环，加强武汉本身城市结构特色。

南岸嘴，公园中心
公园范围
武昌首义文化区
汉阳风景旅游区
汉口商业中心

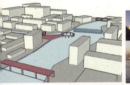

具体措施

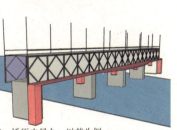

长江一桥历史最久，以其为例。
通过在桥身增设辅助层，人们以非交通使用之尺度零距离亲近观察桥梁本身。同时，通过此达到用步行尺度连接两江四岸目的。因为尺度比较大，在全步行同时设有缓慢的观光传送带。
一般季节，从岸边上桥；夏季，江水上涨，可乘船从桥墩接近，是另一种特别体验，同时作为公园季节性活动。

如今，老工业遗址已成为人们为回忆自己的历史文明而注意保留的遗产时，我想过不了多久，桥梁作为人类技术发展的体现之一，在中国也必将被注意到。

作为人类技术的又一体现，隧道也将有一天成为人们参观的对象。对于隧道观光，可以如同海洋馆一般，同时能结合我们对于长江下面世界的好奇。

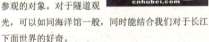

作为主题公园，结合武汉特具特色的横渡长江活动。相信其一年一度的到来，也能成为如同其他世界著名啤酒节和狂欢节一样的盛会，吸引世界友人

姓名：陈　青
学校：武汉理工大学

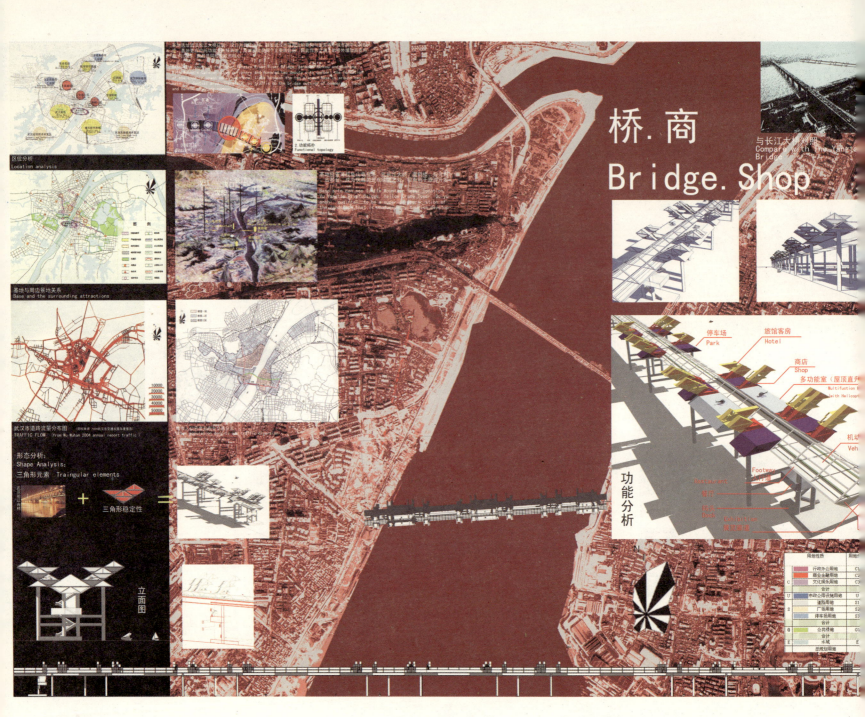

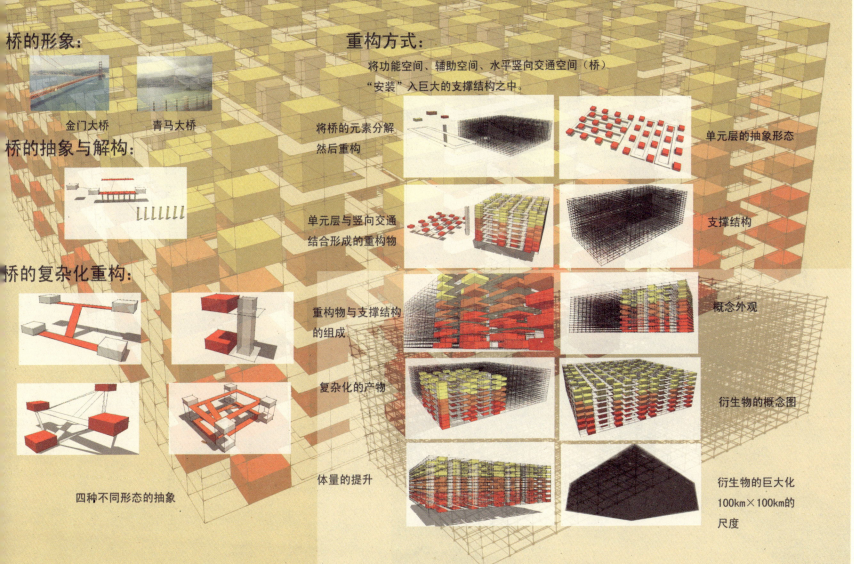

Urban Design– Floating. >> page 01

浮·橋城
Floating.Bridge City

本设计定位于以小型商业为主要功能的桥城。
设计从传统的浮桥演变而来,形成浮动的桥城,根据不同的使用要求,四种标准的浮动单体形成船、街、社区等空间,并以桥的形式存在。

The design comes from the traditional floating bridge, forming a floating bridge city. According to the different function, four standard floating cells might form spaces, such as boats, streets and communities, which also like a bridge.

构思 Concept >>

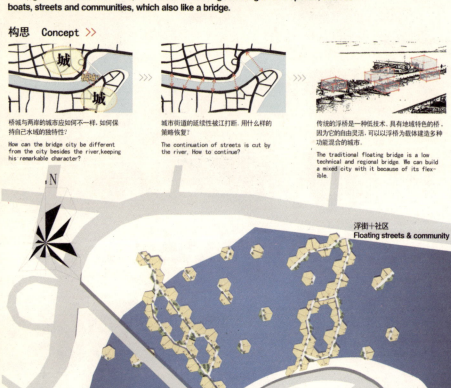

桥城与两岸的城市应如何不一样,如何保持自己水域的独特性?
How can the bridge city be different from the city besides the river, keeping his remarkable character?

城市街道的延续性被江打断,用什么样的策略恢复?
The continuation of streets is cut by the river, How to continue?

传统的浮桥是一种低技术、具有地域特色的桥,因为它的自由灵活,可以浮桥为载体建造多种功能混合的城市。
The traditional floating bridge is a low technical and regional bridge. We can build a mixed city with it because of its flexible.

总平面图 1:2500
Master Plan

模型分析 Analyse by Models >>

A. 单体 Cells
B. 街道 Street
C. 街道+社区 Street&Community
D. 社区 Community

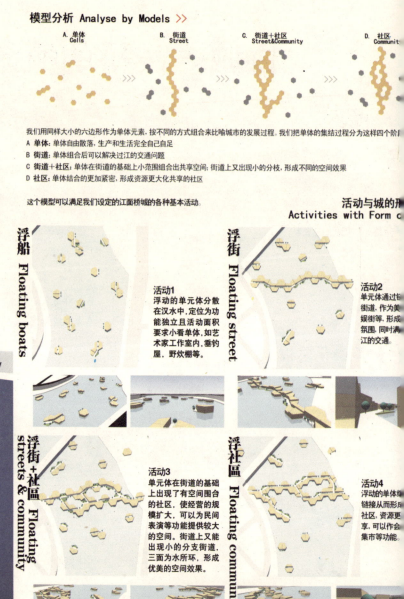

我们用同样大小的六边形作为单体元素,按不同的方式组合来比喻城市的发展过程。我们把单体的集结过程分为这样四个阶段:
A 单体:单体自由散落,生产和生活完全自己自足
B 街道:单体组合后可以解决过江的交通问题
C 街道+社区:单体在街道的基础上小范围组合出共享空间;街道上又出现小的分枝,形成不同的空间效果
D 社区:单体结合的更加紧密,形成资源更大化共享的社区

这个模型可以满足我们设定的江面桥城的各种基本活动。

活动与城的形 Activities with Form of

浮船 Floating boats — 活动1 浮动的单元体分散在汉水中,定位为功能独立且活动面积要求小的单体,如艺术家工作室内、垂钓屋、野炊棚等。

浮街 Floating street — 活动2 单元体通过街道,作为美娱街等,形成氛围,同时满足江的交通。

浮街+社區 Floating streets & community — 活动3 单元体在街道的基础上出现了有空间围合的社区,使经营的规模扩大,可以为民间表演等功能提供较大的空间。街道上又能出现小的分支街道,三面为水所环,形成优美的空间效果。

浮社區 Floating community — 活动4 浮动的单元继续链接从而形成社区,资源享,可以作集市等功能。

BRIDGE CITY - THE FIRST SESSION OF STUDENT COMPETITION OF URBAN DESIGN

姓名:韩文晶 伍鹏晗
学校:重庆大学

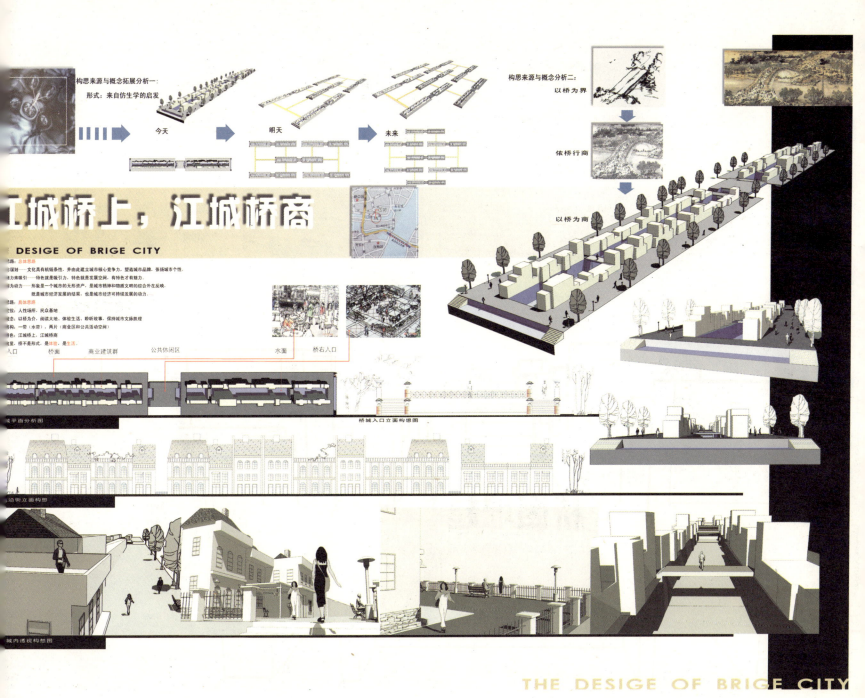

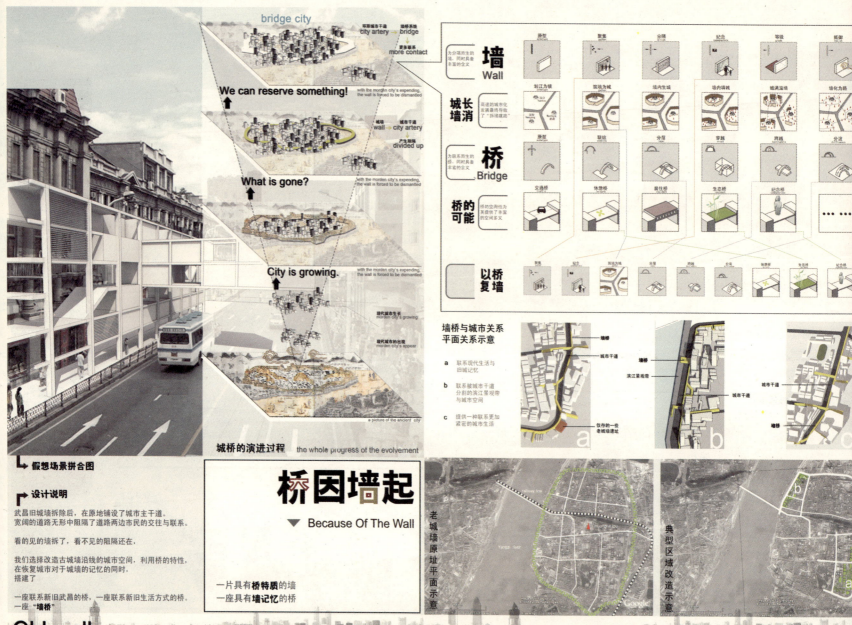

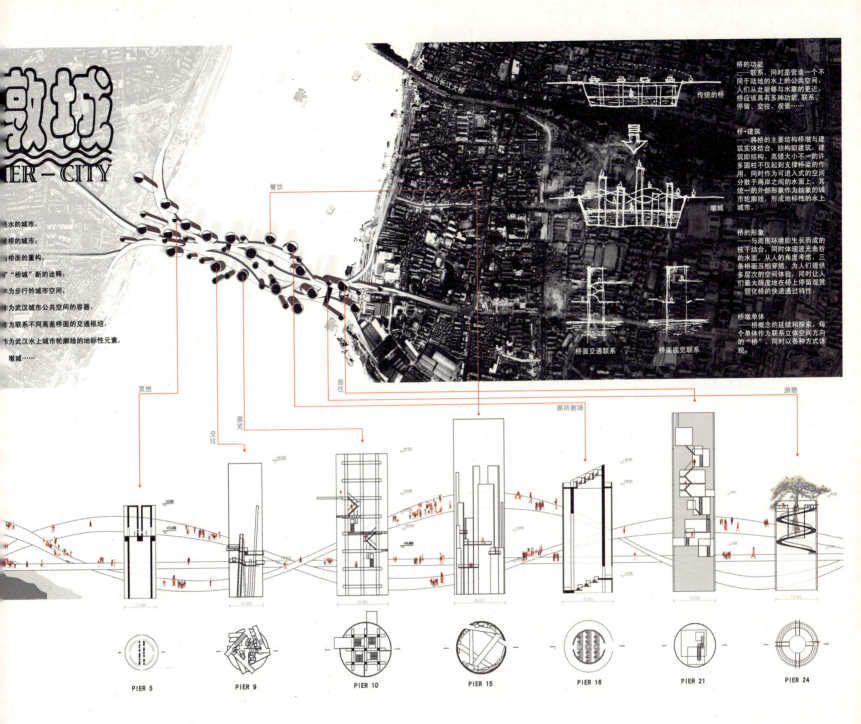

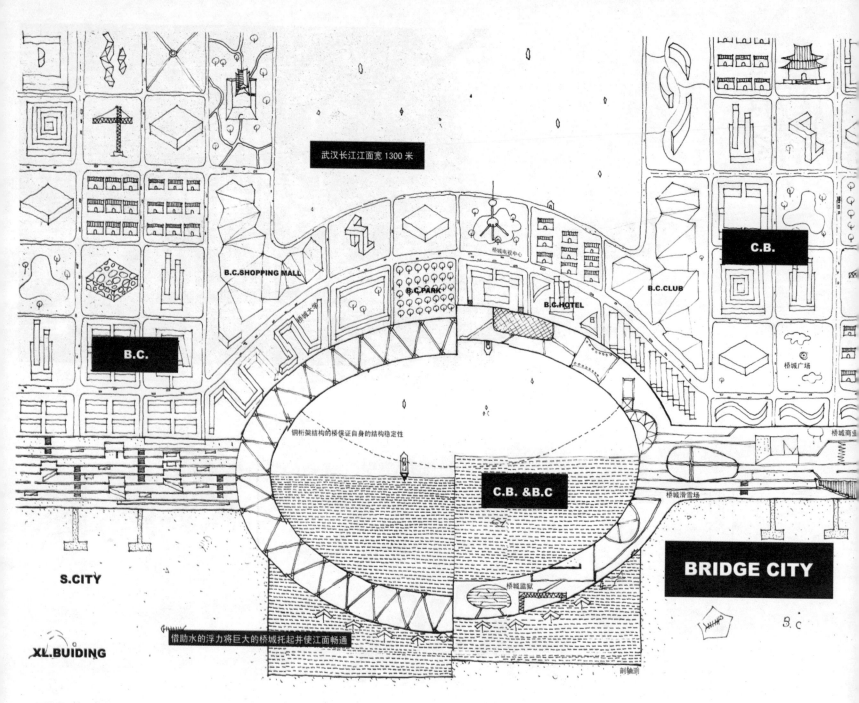

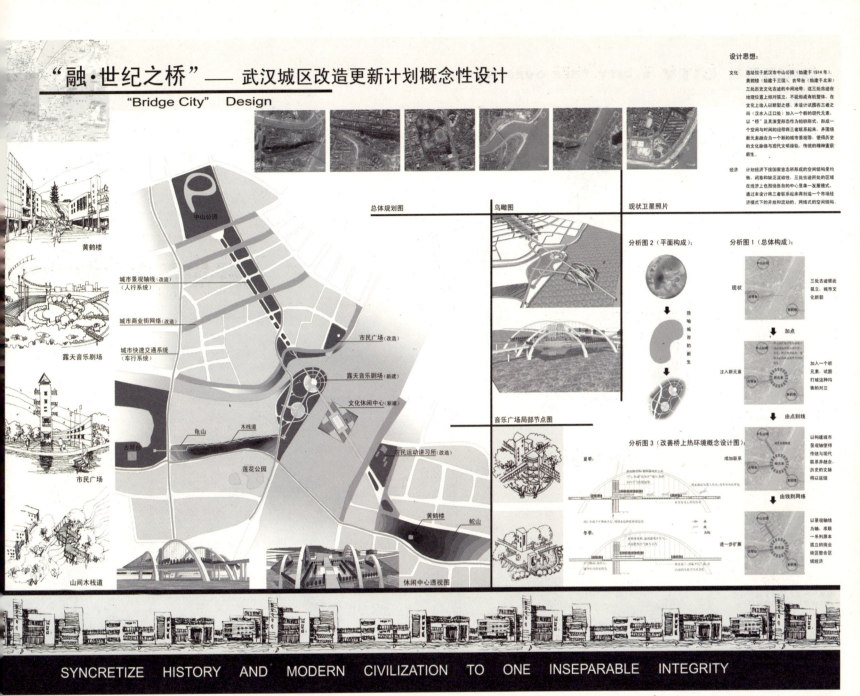

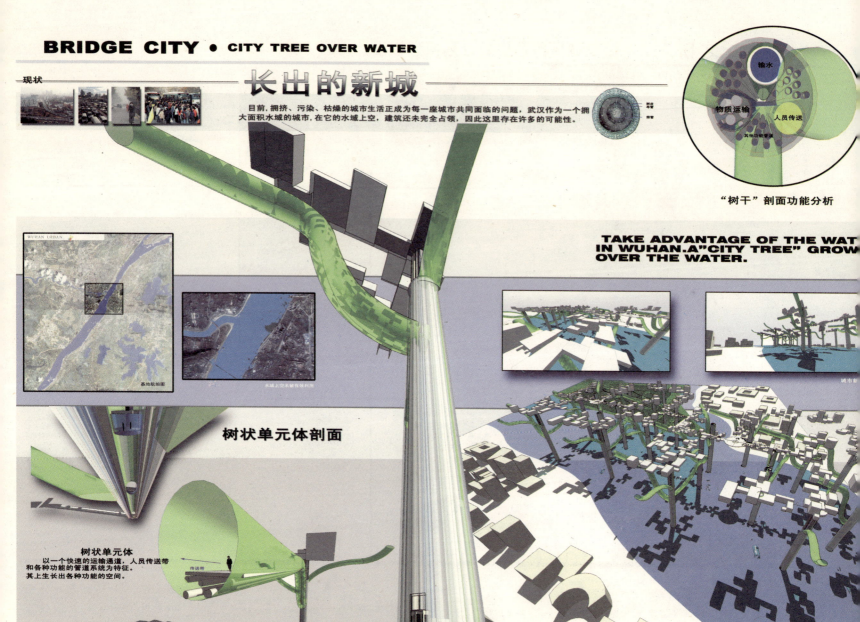

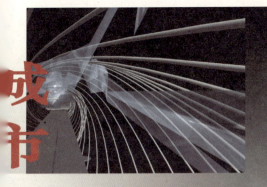

城市空间 D.I.Y

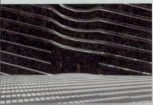 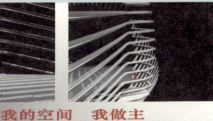

我的空间 我做主

根据统计：

每天有8万辆车由大桥过江，如果桥面全部铺上我们的装置，每天至少能产生3000度电，用这些能源供应桥上社区和城市的需求，间接减少了常规发电对城市环境的污染

电磁感应原理：

当磁性物体以一定速度穿过闭合线圈，线圈内部就会有电流通过

如果在路面表层设置条形磁铁，在路面中间层铺设一层弹簧，在弹簧表面缠绕线圈，当车辆和行人走在路面上，重力压缩弹簧，使线圈随弹簧一起产生收缩，这样条形磁铁和线圈就会产生运动，当条形磁铁穿过线圈时，就会有电流产生。再通过预先铺设好的线路，将电流传到位于桥上的社区，给社区的正常运转提供电能

线圈缠绕在弹簧的表面，与弹簧一起形成弹力系统被压缩

成市央象

一座桥可以为城市的发展带来什么？

探武汉 环境 保护 创造 环式 能源

世界能源紧缺，中国能源储量不足，用煤发电会产生大量污染，我们提出的压力发电理念具有效率高、环保的特点，解决城市发展面临的能源问题

武汉 文化 互动 交流 化武 空间 交流

交流互动是信息的重要来源，更是一个展现城市形象的窗口，让更多的人了解武汉，宣传武汉，创造一个和谐武汉，让武汉走向世界

空间 可塑 个性 城市 间塑 释放 释放 活力

现代城市生活节奏加快，每个人都需要拥有一个适合自己的空间来释放压力、展现自我，我们应该为市民提供一个可以释放个性的空间，从而提高城市的活力

武汉的现状

能源利用率低 文化交流空间缺乏 空间个性不足

现在的桥只能单纯的起交通作用，缺乏公共交流和互动的空间，桥本应成为城市的发展拓展交通和公共空间，促进文化交流，提升城市活力

我们的目标

桥为城市发展提供能源，成为城市信息与文化的载体，利用桥唤醒人们的环保节能意识，以桥拓展城市交通与公共空间，同时创造一种新型的空间可塑与可变模式

CITY IMPRESSION

桥城 Bridge City

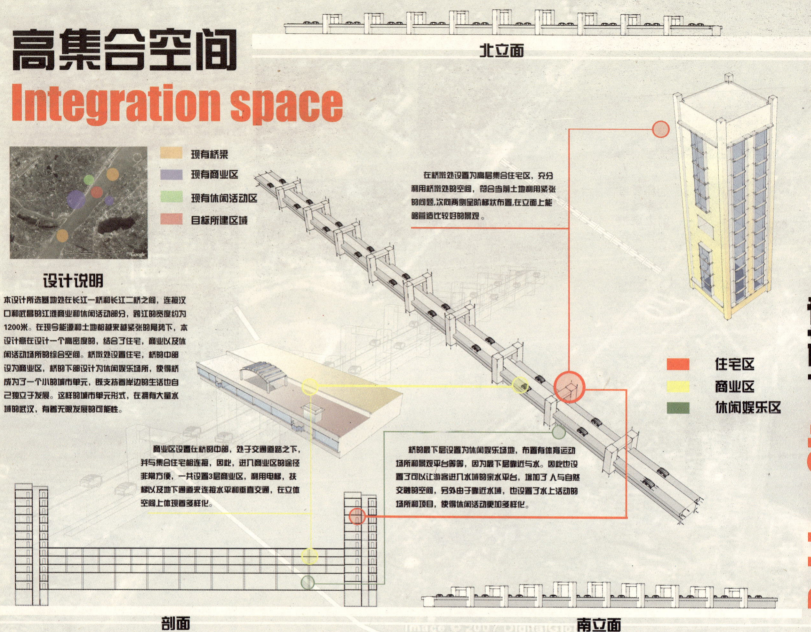

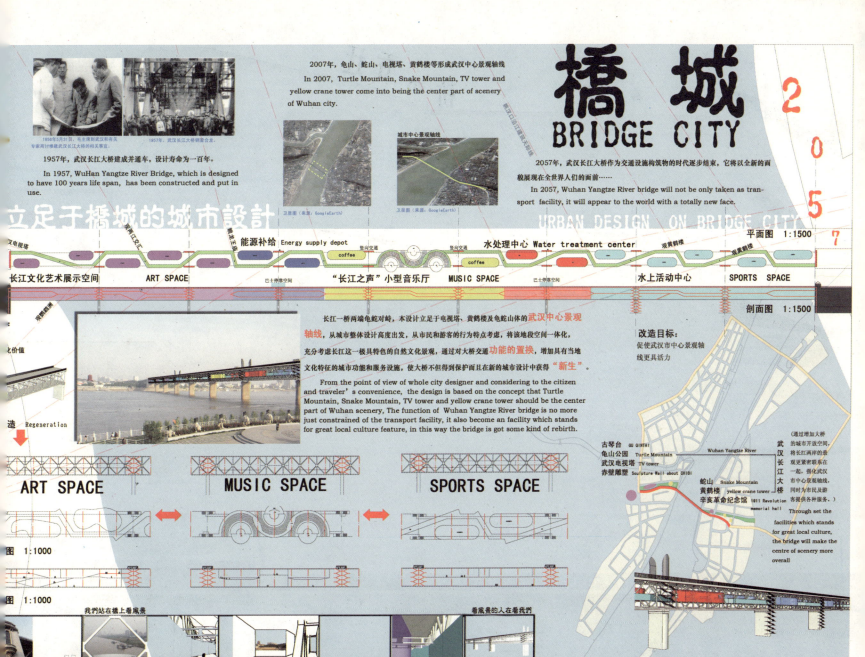

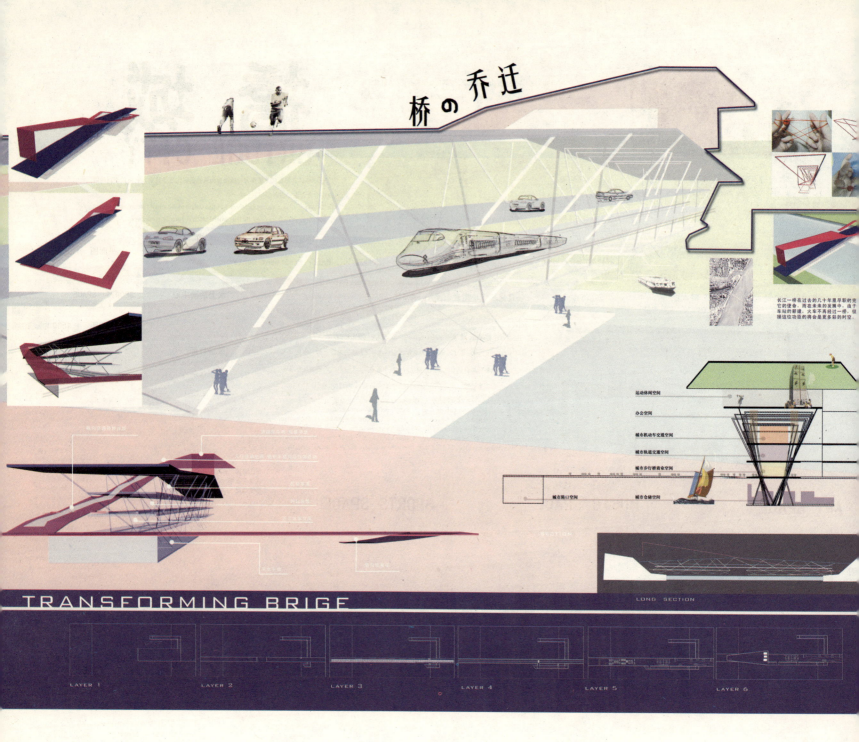

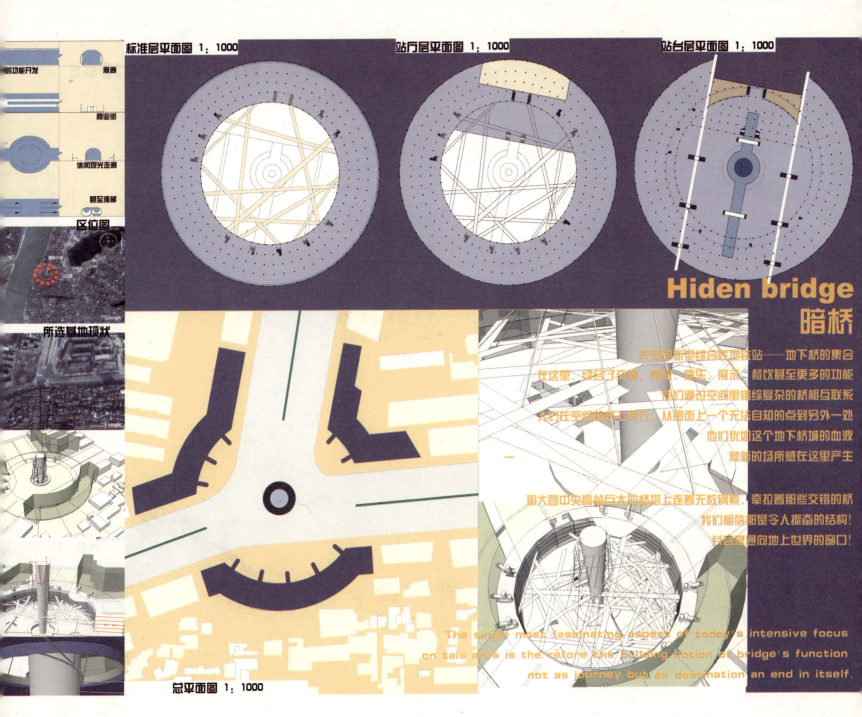

BRIDGE OF TOWN OF BRIDGE

房子在游泳
the swimming house

人说:"要更多的空间。"
地说:"我给不了你。"
human : i want more space.
ground : sorry, i can't.

城市:"要奔跑。"
水说:"我陪你。"
city : i want run.
water : follow me.

建筑师说:"要有城。"
于是就水上有了城。
someone : there be city.
so there be.

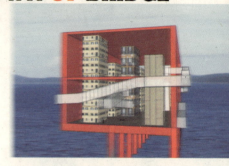

可能的模式（住宅/商业）
possible pattern (recsidence/ trade)

城市主透视
perspective

growing process
2040 年规划 2040urban
规划的过程就是一个城市生长的过程:首先是桥的出现,然后是以桥为依托的平台建筑的出现,当系统稳定后,以轻轨延伸。

2030 年规划
2030 urban

2020 年规划
2020 urban

2010 年规划
2010 urban

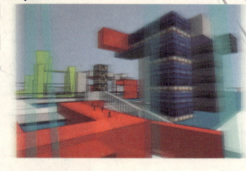

高密度住宅
h.d. uptown

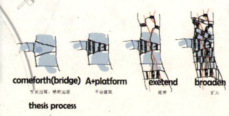

comeforth(bridge)　A+platform　exetend　broaden

thesis process

桥上轻轨
light rail on bridge

公路 + 步行街
road+walking street

support on bridge:　bridge pier+widening spaces
最初的桥城:以桥墩做为部分支撑,发展拓展空间,重要用于商业和景观,实现桥上一条街的构想。

姓名:窦寅恺
　　　于正伟
学校:中国石油大学

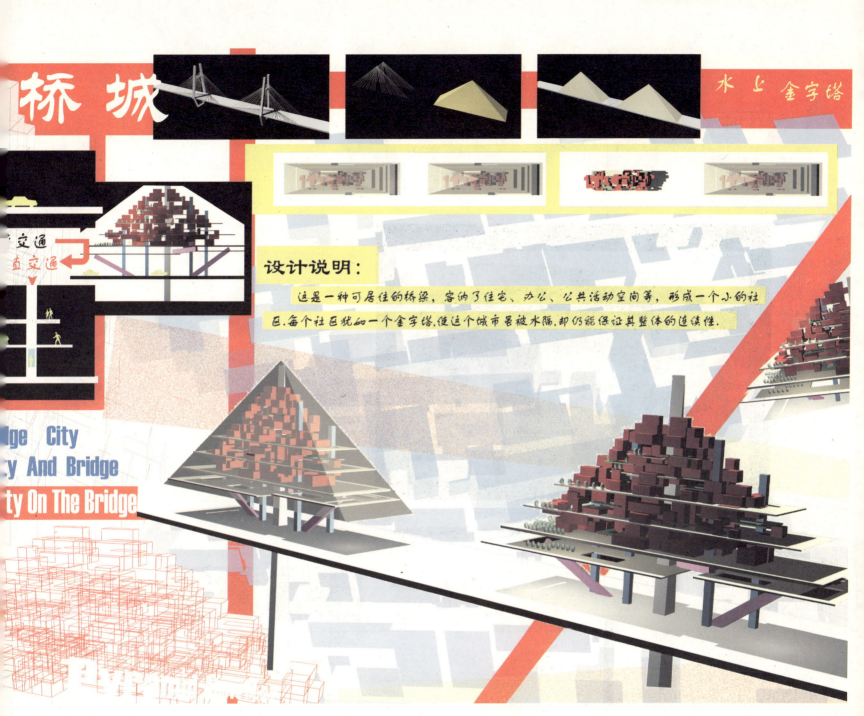

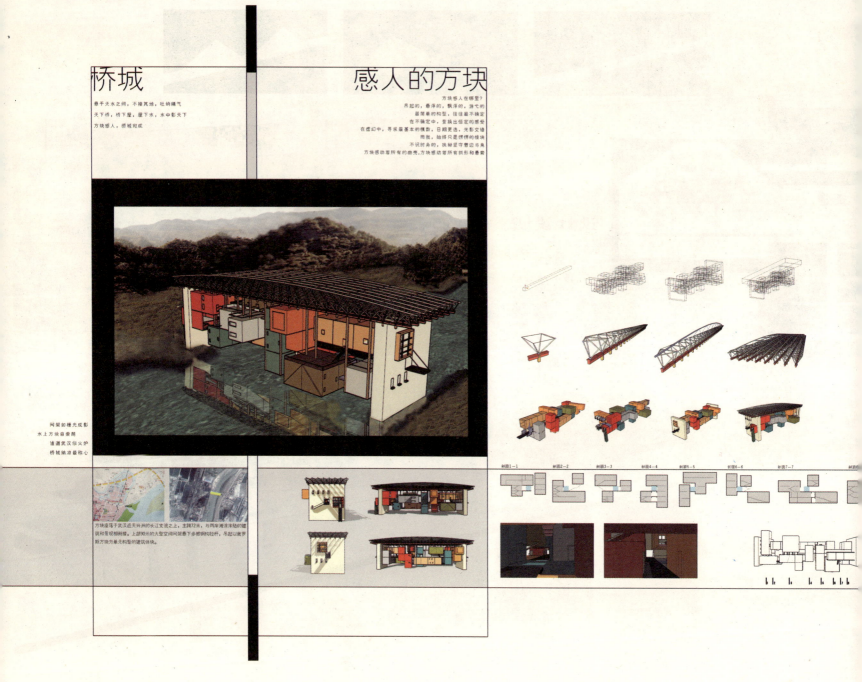

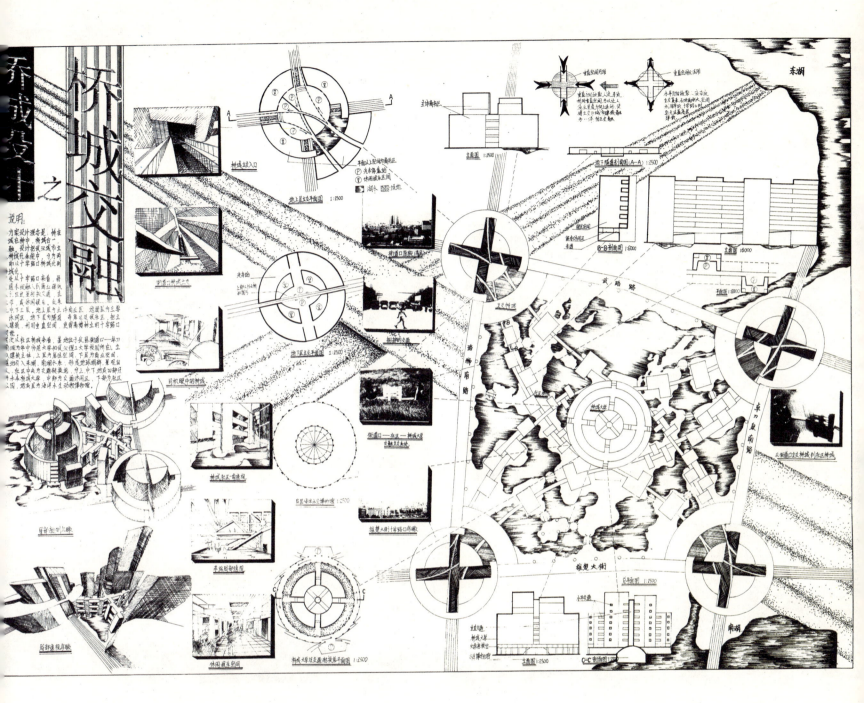

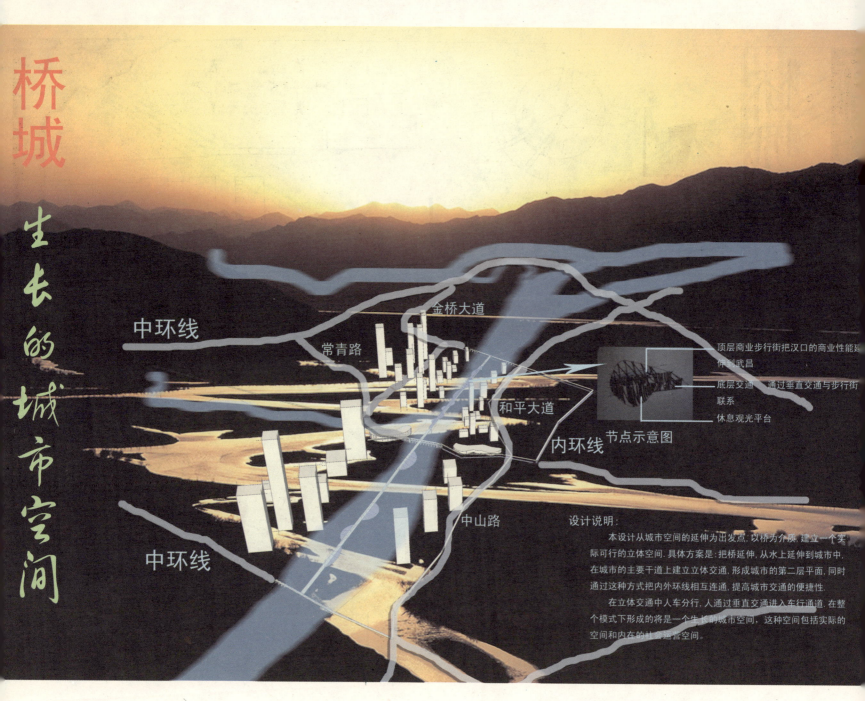

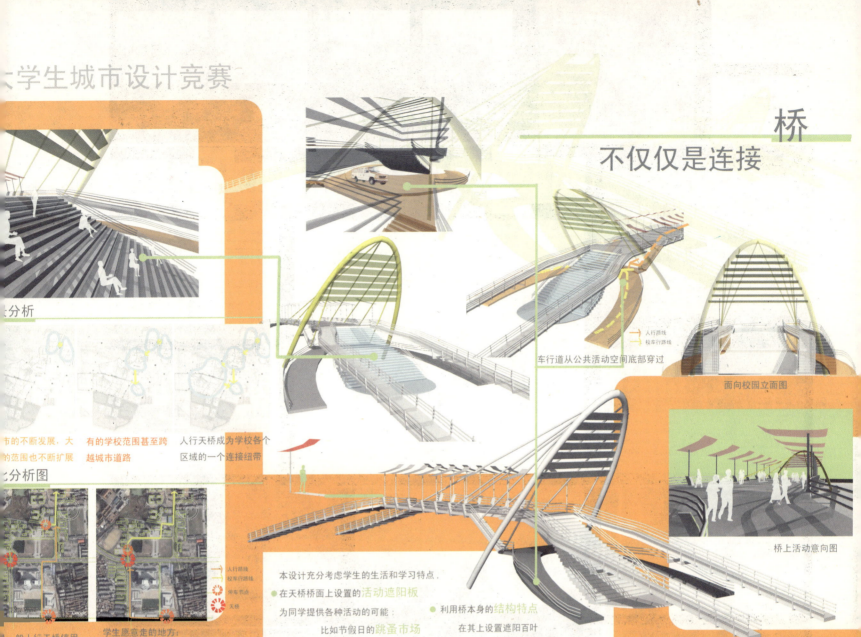

桥城 Bridge City

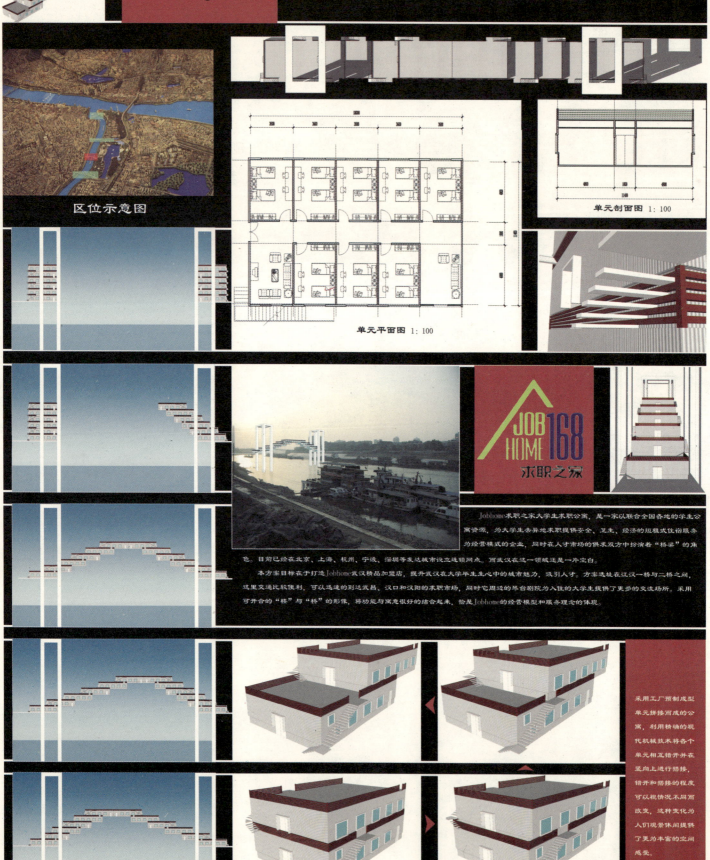

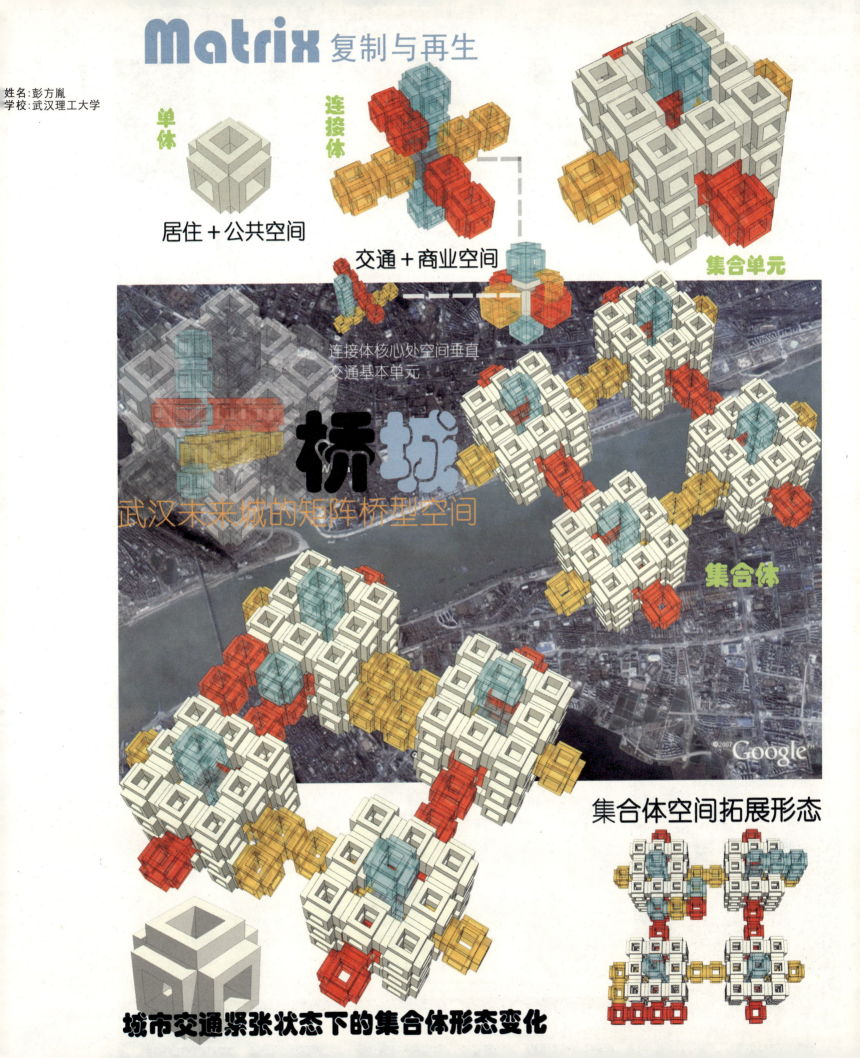

桥城 Bridge City

第一届世界大学生城市设计竞赛

姓名：徐 渊
　　　邵 芋
学校：武汉理工大学

武汉

长江、汉江、东湖、南湖、紫阳湖、月湖、后湖....
水网密集，湖泊众多，名副其实的漂浮在水上的动感城市

功能细胞，作为联系水域两岸的主要载体
即能沟通了散落在水域中各城市片区
又集城市广场、公共绿地、商业服务娱乐、公益性文化建筑等丰富的城市公共空间于一体

桥城局部组合平面图

一个个细胞组成了单元，单元的动态、复合形成了跨越不同空间的"桥"，一座座桥通过动态、复合形成了丰富的城市空间。最终，桥亦城，城亦桥。

Dynamic & Compound 动态·复合

动态

旋转体
沟通了各细胞，又使各功能随时段变化和需求的不同而随意组合

随着时间的变化
人流的迁移
人群的聚散
细胞或静或动散落在大大小小的水面之上

如此
江城，成为一个有机联系却又散落漂浮在水上的
"桥城"

动态：随旋转体转动的功能细胞与固定于江中的功能细胞具有多种动态组合

武汉长江一桥夜景

武汉市区规划模型

总结：通过动态复合，增加了桥梁作为城市公共空间的兼容性和适应性，使之在同一地段能容纳多种可变的功能空间，形成多义的城市空间格局．

设计元素：

1. 可供人行约10m宽的旋转体，其旋转轴心插入江中，并利用流动江水发电．
2. 直径100m约3万平方米的功能细胞，一部分固定于江面之上，另一部分与旋转体相连接．

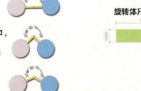
旋转体尺寸

复合

复合：两种类型的功能细胞可赋予不同的城市功能，通过旋转体城市公共空间可进行再组合以适应不同时段城市功能空间的需要

移动部分 ● 公共活动广场
　　　　　● 综合公园
可赋予的功能　　专类公园
　　　　　　　　独立购物中心
　　　　　　　　公共绿地

　　　　　● 公共活动广场
　　　　　　综合公园　专类公园
固定部分 ● 独立购物中心
　　　　　　酒店旅馆

承载的功能　　城市图书馆
　　　　　　　影剧院
　　　　　　　音乐厅
　　　　　　　博物馆
　　　　　　　纪念馆
　　　　　　　文化馆
　　　　　　　少青老活动中心

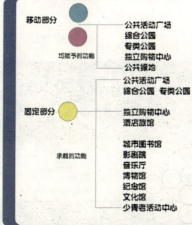
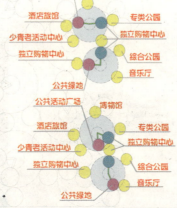
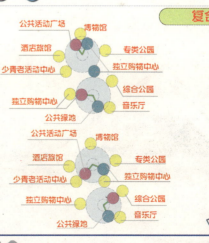

Dynamic & Compound 动态●复合

桥城

挖掘 ＋ 潜力 ＝ 创新

姓名：张 敏

车流的分流情况
——过往车流各行一边

设计说明

桥作为连接武汉三镇的主体因素，在起交通作用的同时丰富了城市的景观，增添了空间的趣味性。

此设计立在挖掘桥的潜在功能，将大型的体育馆场设于桥中，减少了向土地要空间的资源压力。同时环型车道使得过往车流分开，避免了交通阻塞。

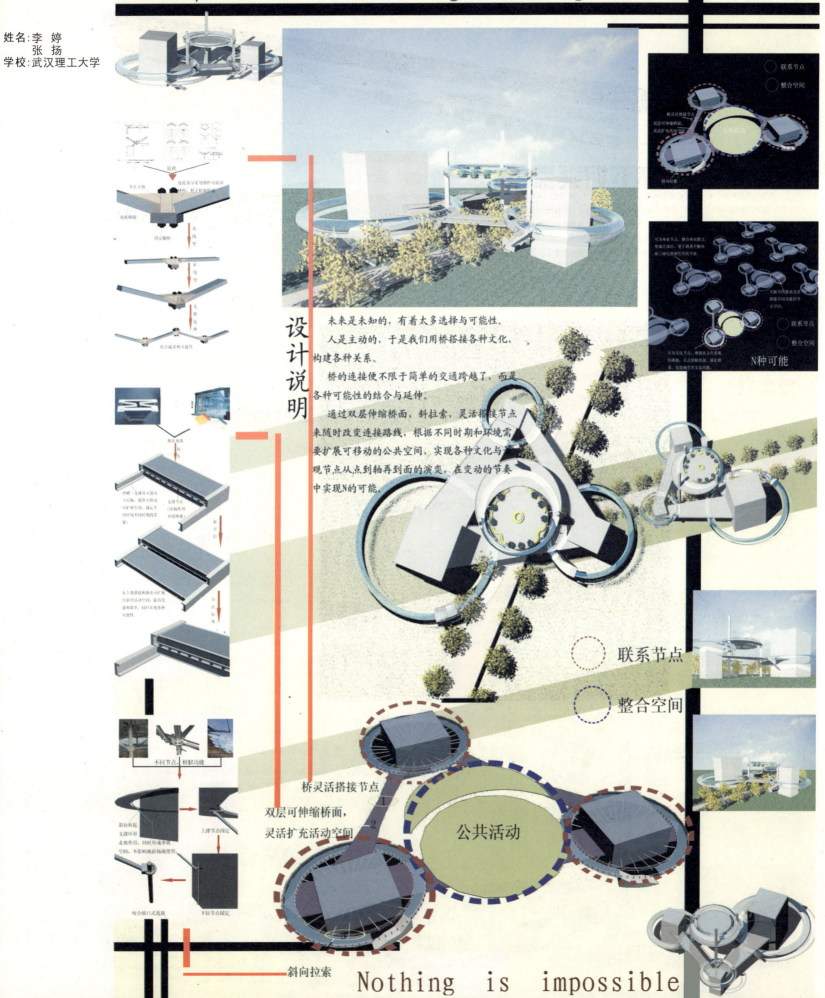

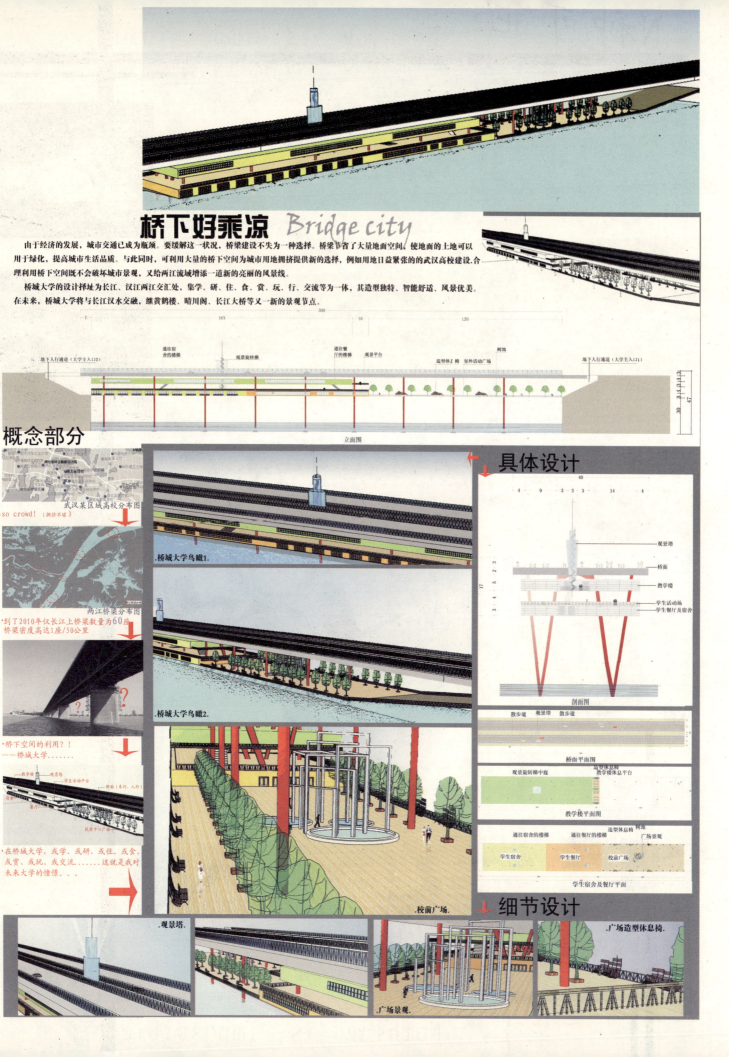

Design of Bridge City

姓名：王 鹏
　　　聂 文
学校：武汉理工大学

武汉城市的历史是与长江紧密联系的。在城市规模逐渐增大，城市出现了多个区域性的城市中心后，我们认为未来武汉新的中心将重回长江，长江仍是武汉市民心的家园。

本方案经过对武汉沿江地块的调研，计划从长江沿岸现有的码头引出我们称之为"断桥"的构筑物。这里，参观者进入到一个开放的城市景观中，作为结构的悬索整齐排列给人一种迎宾的仪仗感并暗示着一段武汉发源于码头文化的历史。

在步行观景层下设置了

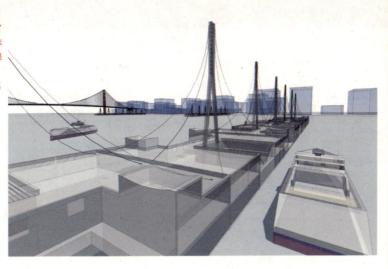

断桥 The Broken Bridge

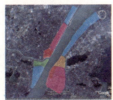
沿江地块现状性质图

商业用地
历史文化街区
居住用地
工业用地
绿化用地

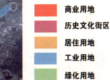
沿江地块规划控制图

规划认为历史文化街区和商业用地都应有效的保护和维持。而历史形成的大片工业用地都应迁离该区域，主要作为沿江的绿化景观用地并辅之合理的居住区开发，以构建更大的城市核心区。

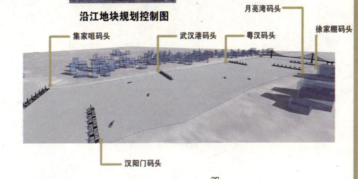
集家咀码头　武汉港码头　粤汉码头　月亮湾码头　徐家棚码头
汉阳门码头

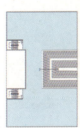
步行观景平面

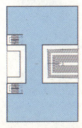
下层商业休闲平面

下层商业休闲平面

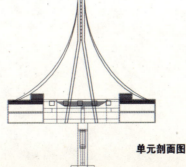
单元剖面图

单元组合示意图
单元尺寸为30米*45米

一种对用地条件和外部造型的完整设计理念所具有的多样性，意味着在大尺度的空间结构中所采用的基本有机系统，这种系统允许当地根据不同的功能进行重新组装。

单元透视图

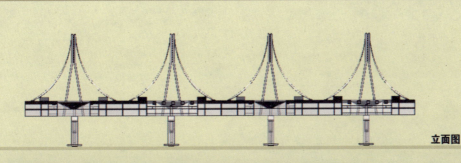
立面图